2020 年度第八届
中国童书榜获奖童书

水中动物

鲑鱼

韩国与元媒体公司 / 著　胡梅丽 马巍 / 译　杨 静 / 审

真实的大自然

给孩子一座自然博物馆

电子工业出版社·

Publishing House of Electronics Industry

北京·BEIJING

带孩子走进真实的大自然

——送给孩子一座自然博物馆

大自然本身就是一座气势恢宏、无与伦比的博物馆。自然万象，展示着造物的伟大，彰显着生命的活力。我们在这样的自然奇观面前，心潮澎湃，敬畏不已。为人父母，没有人不愿意尽早地带孩子领略这座博物馆的奥秘和神奇！然而，这又谈何容易？一座博物馆需要绝佳的导游，现在，《真实的大自然》来了！

《真实的大自然》之所以好，至少有以下几方面：

一，真实。市面上，真正全面、真实地反映自然的大型科普读物并不多见。好的科普读物，首先必须建立在严谨的科学知识的基础上。现在，科学素养越来越成为一个人的立身之本。这套书，是多位世界级的生物科学家的"多手联弹"，4000多张高清照片配合着精准有趣的文字描述，重现地球生命的美轮美奂。长颈鹿脖子有多长？鸵鸟有多大？都用 1:1 的比例印了出来！当孩子打开折页，真实的大自然变得伸手可及。

二，诚挚的爱心。大自然并不是一座没有感情的机器，每一种动物，都有自己充满爱心的家庭，每一个小生命毫无例外，都得到了深深的关爱与呵护。这种爱心，甚至遵循着无差别的平等伦理，家庭成员相互之间也是无差别的友爱。比如，大象

宝宝掉到泥池中，它的三个姐姐又是拽又是推，愣是把弟弟救上岸。大象姐姐不幸离世，弟弟还用鼻子摸一摸姐姐，久久不愿离去；离开前，所有大象还用树枝默默地覆盖住尸体加以保护。过了很久它们还会再回来祭奠。这是多么神奇的生命教育课！

三，童趣十足。这套书貌似"硬科普"，但语言亲切、质朴，充满情趣，不急不躁，耐心地从孩子的角度使用了孩子的语言，与孩子产生共鸣。比如："哇！是蚜虫，肚子好饿啊，我要吃了。""你是谁呀？竟然想吃蚜虫！""哎呀！快逃！这里的蚜虫我不吃了。""亲爱的瓢虫小姐，请做我的另一半吧！""嗯，我喜欢你。我可以做你的另一半。"充满童趣的故事和画面贯穿全书始终。

四，画面震撼、生气盎然。每本书都会有一个特别设计的巨幅大拉页，使用一系列连续的镜头把动植物的生命周期完整重现出来。孩子从这些连续的图中，可以感受到大自然中每一个生物叹为观止的生命力。比如，瓢虫成长的 14 幅图加起来竟然有 1.25 米长！

五，精湛的艺术追求。艺术是人类的创造，然而艺术法则的存在在自然界却是普遍的事实。每一个生命中力量的均衡、

结构的和谐、情感的纯朴、形象的变化，都气韵生动地展示出自然世界的艺术性力量。难能可贵的是，主创人员通过语言描述和视觉呈现，将这种艺术性逼真地表达了出来，激荡人心。

六，最让人感念的是无处不在的教育思维。 虽然书中有海量的图片，但是仔细研究发现，没有一张图是多余的，每张图都在传递着一个重要的知识点。摄影师严格根据科学家们的要求去完成每一张图片的拍摄，并不是对自然的简单呈现，而是处处体现着逻辑严谨、匠心独具的教学逻辑。对每种生物都从出生、摄食、成长、防卫、求偶、生养、死亡、同类等多个维度勾勒完整的生命循环，呈现生物之间完整的生态链条。主创团队是下了很大

的决心，要用一堂堂精美的阅读课，召唤孩子的好奇心和爱心，打好完整的生命底色，用心可谓良苦。

跟随这套书，尽享科学之旅、发现之旅、爱心之旅、审美之旅，打开页面，走进去，有太多你想象不到的地方，让已为人父母的你也兴奋不已。我仿佛可以看到，一个个其乐融融地观察和学习生物家庭的人类小家庭，更加为人类文明的伟大和浩荡而惊奇和感动！

让我们一起走进《真实的大自然》！

李岩

第二书房创始人 知名阅读推广人

审校专家

张劲硕 科普作家，中国科学院动物研究所高级工程师，国家动物博物馆科普策划人，中国动物学会科普委员会委员，中国科普作家协会理事，蝙蝠专家组成员。

高　源 北京自然博物馆副研究馆员，科普工作者，北京市十佳讲解员，自然资源部"五四青年"奖章获得者，主要从事地质古生物与博物馆教育的研究与传播工作。

杨　静 北京自然博物馆副研究馆员，主要研究鱼类和海洋生物。

常凌小 昆虫学博士后，北京自然博物馆科普工作者，主要研究伪瓢虫科。

秦爱丽 植物学专业，博士，主要从事野生植物保护生物学研究。

在清澈河流里出
生的鲑鱼，
要到广阔的大海
里成长了。
等完全长大后，
到了繁殖期，
鲑鱼会重回出生
的故乡之河。

鲑鱼是如何找到
自己出生的河流呢？

返回故乡，勇往直前

生活在深海里的鲑鱼，决定去寻找故乡之河了。

"等回到故乡，我就能繁育后代了。"

鲑鱼努力地逆流而上。

逆流而上的鲑鱼 等下过大雨河水暴涨时，鲑鱼就会沿着河水逆流而上。它们不吃不喝，仅依靠在海里生活时储存的养分，去寻找自己出生的地方。

看看周围，就能发现小时候和自己一起游泳的玩伴了。
"嗨！我们又见面了。你那颜色鲜艳的外衣真好看啊！"
鲑鱼游到河里时，身体就会长出红色云朵状的斑纹，
雄鲑鱼不只身体上的斑纹产生变化，嘴巴开始变弯，牙齿也变尖了。

逆流而上　回到河里后，鲑鱼身体会出现鲜艳的红色
云朵状斑纹，雄鲑鱼比雌鲑鱼的色泽更加深沉。

雄红鲑鱼和雌红鲑鱼　雄鲑鱼经过激烈竞争后，才能拥有雌鲑鱼。为了竞争，它们的嘴巴像钩子一样变弯，牙齿也更尖锐了。而雌鲑鱼因为准备产卵，所以肚子是鼓起来的。

常识小课堂

鲑鱼生活在大海时，身体是什么颜色？　为了保护自己，鲑鱼背部是暗色的，这样从水面往下看时不容易被发现。身体两侧和腹部的颜色则比较白，从水底往上看时就可融入耀眼的阳光中了。

我就长这个样子

滑溜溜的身体有好几枚鱼鳍，
它的全身覆盖着鱼鳞。
鲑鱼的一切样子都是为了长途旅行。
跃出水面，勇往直前，
朝着故乡的方向前进。

鼻孔 两侧各有两个，共有四个鼻孔。海水进入鼻孔后可以闻味道。

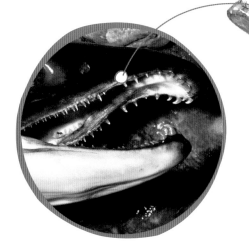

牙齿 上颚的牙齿往里长，咬住猎物后绝对不会松口。

鱼鳃 鳃盖内侧有四对鱼鳃。

胸鳍 鳃盖后面的身体两侧各有一枚。

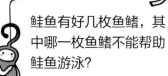

和爸爸妈妈一起答

鲑鱼有好几枚鱼鳍，其中哪一枚鱼鳍不能帮助鲑鱼游泳？

（答案在第45页）

背鳍 一枚，在背部上方，具有平衡身体的功能。

鱼鳞 把鲑鱼的鱼鳞放大看，会发现上面有像树木一样的年轮，所以看鱼鳞就知道鲑鱼的年龄了。

脂鳍 位于背鳍和尾鳍之间。由脂肪和皮肤构成，没有鳍条支撑，所以不能像其他鳍一样帮助鲑鱼游泳。

腹鳍 两枚，在腹部附近。 **臀鳍** 一枚，在尾鳍前面。

尾鳍 一枚，在身体末端。要快速游泳时，会向两侧用力摆动。

鲑鱼的尾鳍

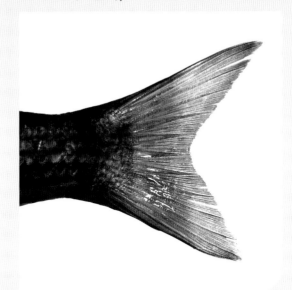

小时候的尾鳍
末端中间稍微凹进去。

长大后的尾鳍
末端几乎成一条直线。

11

返乡的路途好辛苦!

鲑鱼记起小时候闻到的河水的味道了。

"前面有瀑布,绝对不可以放弃。"

跃过瀑布、游过浅水区后,

鲑鱼早已伤痕累累。

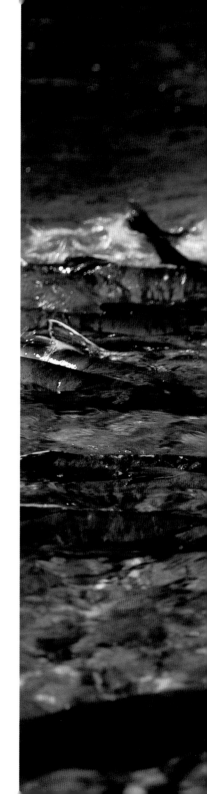

准备跳过瀑布 鲑鱼用力摆动尾鳍,一跳就可以跃过瀑布。可是人类建造的河堤和水坝太高了,阻碍了鲑鱼的返乡之路。

在浅水中逆游　水浅到身体都露出来了，可是鲑鱼就算在浅水中弄得遍体鳞伤，仍会勇敢地逆流而上。

"返乡之路真的很辛苦！"

鲑鱼喘口气休息一下。

就在这个时候，忽然传来

"咻"的一声，一只雕把鲑鱼抓走了。

熊和水獭为了捕食鲑鱼，

还会守在鲑鱼洄游的河道里呢！

正在吞食鲑鱼的水獭 虽然水獭什么都吃，可是它最爱吃鱼了。所以对洄游的鲑鱼来说，水獭是可怕的天敌。

猎捕到鲑鱼的雕 正在空中飞行的雕，发现逆游的鲑鱼时会像箭似的冲下来，用锐利的脚爪猎捕鲑鱼。

等待鲑鱼跳越急流的熊 熊也爱吃鲑鱼，不仅仅捕食跳越急流的鲑鱼，饿的时候它也会捕捉在河里的鲑鱼。

繁殖下一代

艰辛的逆游使鲑鱼数量大大减少。

"啊！就是这里。"鲑鱼终于到达自己出生的故乡了，雄鲑鱼为了得到和雌鲑鱼繁殖后代的机会，开始打起架来。而雌鲑鱼遇到胜利的强壮雄鲑鱼后，也开始挖起产卵的坑巢。

打架的雄鲑鱼 艰巨的旅行终于结束了，安全到达目的地后，不是所有的雄鲑鱼都可以跟雌鲑鱼繁殖下一代，所以雄鲑鱼间常常为了竞争雌鲑鱼而打架。

和爸爸妈妈一起答

雄鲑鱼和雌鲑鱼中谁会挖产卵用的坑巢？

（答案在第45页）

雌鲑鱼正在挖产卵的坑巢 在清澈的水中，雌鲑鱼利用鱼鳍和腹部挖产卵的坑巢。这时雄鲑鱼会在雌鲑鱼身边守候，以免其他雄鲑鱼靠近。

在水中受精 雌鲑鱼张大嘴巴，将卵产在事先挖好的坑巢里。雄鲑鱼也张大嘴巴，贴在雌鲑鱼旁排放精子，好让水中的卵受精。

常识小课堂

是不是所有的鲑鱼产卵后都会死掉？ 生活在太平洋的鲑鱼，一生只产一次卵，产卵后就会死掉。但是生活在大西洋的鲑鱼，产卵后会重回大海，等第二年繁殖季节到来时，再次踏上归乡之路。

等坑巢挖好后，雌鲑鱼就会产下圆滚滚的卵，贴在旁边的雄鲑鱼，赶紧在卵上面排放精子。

"我亲爱的孩子呀！就算没有爸爸妈妈也要健康长大哦！"雌鲑鱼和雄鲑鱼用碎石覆盖好受精卵后，就静静地死去了。

产卵后死去的鲑鱼 完成繁殖任务后，为了不让卵被水冲走，鲑鱼会摆动鱼鳍，用碎石覆盖在卵上。此时的雌鲑鱼和雄鲑鱼已奄奄一息，最后，它们的身体会变成白色，然后静静地死去。

"真有营养！我依赖卵黄囊的营养，就可以快快长大。"
长到一定大小，小鲑鱼就开始靠自己的力量觅食了。

03

卵产下后的两个月左右，小鲑鱼诞生了。刚孵化的小鲑鱼露出小脸蛋来。

04

刚孵化的小鲑鱼会先在附近逗留一阵子。

🐟 小鲑鱼诞生了！

"嗨！终于见面了，你好吗？"

小鲑鱼诞生后，正忙着互相打招呼呢！

从受精卵里孵出来的小鲑鱼，身上带着一个卵黄囊。

01

鲑鱼的卵呈红色，直径约0.5~0.7厘米，受精卵会沉降到水底。

02

约一个月左右，就长出黑色的眼睛。

在河里游来游去的小鲑鱼 小鲑鱼长到5厘米左右，会游得更远，捕捉浮游生物、昆虫幼虫为食。

石缝里。

07

小鲑鱼生长到4厘米时，就会游向阳光照射的水面。这时，它们的身体会长出黑色的斑纹。

05

小鲑鱼的身上带着一个大大的卵黄囊，里面提供了小鲑鱼生长所需要的养分。

06

小鲑鱼喜欢躲在黑暗的地方，它们常常躲在砂

🐟 小鲑鱼，小心！

"顺着河流向下游，就会看到广阔的大海了。"

小鲑鱼成群结队地朝着大海游去。

在游向大海的路上，会遇到很多天敌，小鲑鱼会失去很多小伙伴。

捕食小鲑鱼的鳟鱼
像鳟鱼这样的鱼，最喜欢吃小鲑鱼了。

咻！
一只翠鸟以极快的速度，向着水里飞去。
它在干什么呢？

翠鸟的捕食　翠鸟捕猎食物的时候，当水里有鱼游动时，它就会迅速扑向水里，由嘴尖叼鱼出水，没只翠鸟每扎一条长2～5厘米的小鱼虾。

"扑通！"
扎进水里的翠鸟抓住了一条小鲑鱼。

适应海里的生活

平安存活下来的小鲑鱼终于来到了河口的位置。

它们会在这里觅食，停留一段时间，直到熟悉并适应了海水。

"伙伴们，现在出发吧！"小鲑鱼们成群结队上路了。

这样组群结伴，可以保护自身安全，还不用担心迷路。

身体颜色发生变化的小鲑鱼 在河口停留期间，小鲑鱼身上的条纹消失，变成了海鱼的样子——背部变厚，身体两侧呈银白色。因为只有这样改变身体颜色，才更容易在海里隐藏自己。

努力觅食，健康成长

"哇！大海里有好多种好吃的食物。

有小鱼、螃蟹，我们喜欢吃的通通都有呢！"

在广阔的大海里，鲑鱼尽情享用食物，让自己健康成长。

小鲑鱼长成健壮的鲑鱼时，就会像爸爸妈妈一样，准备返乡繁育后代了。

跳出海面的鲑鱼 鲑鱼在大海中捕捉小鱼、螃蟹等为食，成熟的鲑鱼可以长到60～70厘米左右，体重约3～5千克。

和爸爸妈妈一起答

在大海里猎食鲑鱼的可怕天敌有哪些？

（答案在第45页）

大海里的鲑鱼　离开故乡三五年后，鲑鱼在大海里已成长为健壮的成年鲑鱼，等冬天到来时，就开始踏上返乡之路。可是由于在海里有鲸鱼、鲨鱼、海豹等猎食者，加上人类的捕捉，能够返乡的鲑鱼数量已经大大减少。

我们都是鲑鱼哦！

"我是帝王鲑，是体型最大的鲑鱼。"

"我叫大西洋鲑。我和其他鲑鱼不一样，我会在河海间来回产卵好几回呢！"

"还有红鲑、鳟鱼、驼背鲑，我们都是鲑鱼呢！"

帝王鲑 在鲑鱼里体型最大。身体银白色，并长有深褐色的斑点。

大西洋鲑 与其他鲑鱼不同，大西洋鲑交配之后不会马上死掉，会重新回到大海。到了第二年又洄游到河里，逆流而上并产卵，就这样一年又一年地重复好几年。

驼背鲑 在鲑鱼中休型最小，驼背鲑洄游产卵期间，雄鲑鱼的背会像骆驼背似的隆起来，所以得名。

樱花钩吻鲑 据推测，樱花钩吻鲑是在冰河时期来到中国台湾海域。后来因冰河时期结束，地形隆起让它无法返回大海，变成了无法洄游的"陆封型鲑鱼"。

红鲑 在洄游期间，除了头部，全身都会变成红色。

我们也洄游在河海之间

还有其他的鱼也像鲑鱼一样，为了繁殖而来回于河海之间哦！生活在大海里的暗纹东方鲀，繁殖期会游到河流中。相反的，生活在河里的鳗鱼和鲈鱼，繁殖期会游回大海。

暗纹东方鲀 分布在近海，为了繁殖会沿着河水逆流而上。

鳗鱼 像蛇一样身体长长的，生活在河里，繁殖时再游向大海。从卵中孵化后，度过柳叶鳗时期成为线鳗。在三四月时，沿着河水逆流而上，长大成鳗鱼。

雅罗鱼 江河解冻后，雅罗鱼会成群回溯到上游产卵。

和鲑鱼一起玩吧！

鲑鱼

鲑鱼通常生在河里，长在海中，经过三四年后会重新回到自己出生的河流，这种鲑鱼属于"洄游性鱼类"。但有的鲑鱼，比如樱花钩吻鲑没有洄游行为，这种终生生活在河川、湖泊和固定海域的鱼类，被称为"陆封型鱼类"。

鲑鱼返乡之旅到底有多远呢？

鲑鱼的一生，必须经历遥远又充满危险的旅程。虽然在返乡的旅程中，会把自己弄得遍体鳞伤，可是为了繁育后代，它们从不却步，勇敢回到自己出生的故乡之河。

让我们一起来看看，鲑鱼这趟充满危险的旅行到底有多远？

这里是连接大海和湖水的运河，我们在这里可以看到已长成像大人手臂那么粗的鲑鱼，为了要回到自己出生的河流，成群结队沿着河水逆流而上的样子。

通过在运河边修建的水族馆，可以看到繁殖时期的鲑鱼溯河而上的样子。

鲑鱼返乡旅行的路程好像都差不多，其实根据种类的不同，它们旅行的路径也不一样。

就算是同一条河里出生的鲑鱼，有的游数百千米才能回到故乡，有的需要游数千千米，甚至还有的鲑鱼要游数万千米那么遥远的路程，才能回到出生的地方。

不管鲑鱼要游多远，它们都有一个共同点，那就是都记得故乡之河的味道，并且能找到这条河。所以鲑鱼少则游数百千米，多则游数万千米来完成这趟返乡之旅。

这趟路程这么辛苦，鲑鱼为什么还要大费周章在河海之间洄游呢？

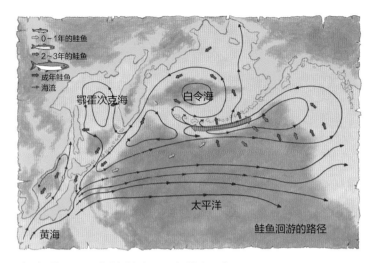

在东北亚诞生的鲑鱼一生的行踪　一些在东北亚河流中诞生的鲑鱼，一生洄游的路程竟然可以超过13000千米。

对成年后体长可达70厘米的鲑鱼来说，河流实在是太狭窄和拥挤了。大海可以让鲑鱼自由自在活动，还有丰富的食物，更何况鲑鱼习惯聚集在一起，这样能减少天敌的威胁。于是从卵中孵化的鲑鱼，自然而然就游到大海里成长。

由于大海里虎视眈眈盯着鲑鱼和小鲑鱼的天敌太多了，鲑鱼只好返回河流繁殖，让刚孵化的小鲑鱼留在比较安全的河里长大。

是不是所有鲑鱼都在河水与大海之间洄游呢？不是的！一些鲑鱼改变了生活习性，变成只在河里生活的陆封型鲑鱼，就不在河海之间洄游了。

樱花钩吻鲑　分布在北亚及亚热带的中国台湾地区，没有洄游行为，属于陆封型鲑鱼。

来！一起去看看小鲑鱼吧！

你是不是也很想看小鲑鱼从鱼卵中诞生的样子呢？虽然我们无法到河里亲眼目睹整个过程，但在鲑鱼人工孵化厂，是可以看到如何从鲑鱼身上收取鱼卵，以及小鲑鱼诞生的过程的。让我们一起去看看小鲑鱼吧！

鲑鱼人工孵化场用渔网捕获鲑鱼后，选出三四条雌鲑鱼，并把肚子里的卵挤进盆子里。接着把雄鲑鱼的精子排放在卵上使其受精，并放入水箱，最后再放进孵化器等待孵化。

收取鲑鱼的卵　把捕获的鲑鱼送到人工孵化场后，收取雌鲑鱼肚子里的卵。

让卵子与精子受精　把雄鲑鱼的精子排放到从雌鲑鱼肚子里收取的卵上，混合几秒钟，鱼卵就可以成功受精了。

捡出死掉的鱼卵　在受精的鱼卵中，取出死掉的白色鱼卵。

放进孵化器　小心翼翼地加盖木板。为了防止氧气不足，孵化器底部会有干净的水流动。

　　刚诞生的小鲑鱼肚子上带有卵黄囊，所以一开始不需要给它饲料。等卵黄囊都消化完后，小鲑鱼开始边游泳边觅食时，就可以开始提供饲料了。之后小鲑鱼成长到一定程度，就要放回河里。小鲑鱼记下河水的味道后，等它们游到大海慢慢长大后，就会根据记忆的味道重返这条河流。

从卵中孵化的小鲑鱼　卵受精两三个月后，小鲑鱼就会孵化出来了。

美术作品里的鲑鱼

鲑鱼为了繁育后代，千辛万苦沿着河水逆流而上！

就是因为如此，有些人觉得鲑鱼是勇敢的动物。

此外，鲑鱼的肉质鲜美，营养丰富，是人们喜爱食用的鱼类。

那么，一起来看看在美术作品里的鲑鱼吧！

夏丹的《厨房的静物》

夏丹是18世纪的法国画家。夏丹的画最大的特色，是把室内的静物以细腻写实的画法、明亮的色彩，表现出宁静的氛围。就像《厨房的静物》《橱柜》等画一样，夏丹擅长以不起眼的物件作为主题，画出很有宁静氛围的静物画。他还擅长以日常最常见的情景为主题，画出风俗画，例如《把信封起来的妇女》等。

看着这幅夏丹画的《厨房的静物》，彷佛让我们亲眼目睹当时普通人家厨房的样子，描绘得非常写实。对普通人而言，鲑鱼是最常吃的肉类，而夏丹通过厨房里使用的工具，以及鲑鱼等食材，栩栩如生地表现出平常人的饮食生活。

从这幅画中可以看到当时一个普通家庭的厨房情景，画家把切成片的鲑鱼肉描绘得就像真的一样。

雕刻作品里的鲑鱼

只要是有鲑鱼入河的港口，就会发现很多有关鲑鱼的雕刻艺术作品，像城市的吉祥物一样。人们利用各式各样的材质，把这些作品竖立在港口城市中，或装饰在建筑物的墙壁上。过去生活在美国西北部的印第安人，把鲑鱼视为神圣的动物来崇拜。他们认为人类与鲑鱼根本没有什么差异，只不过是长相不一样而已，一个生活在海里，一个生活在陆地，所以印第安人雕刻出半人半鲑的雕像来表达人类与鲑鱼的亲密关系。

广场上的鲑鱼雕像　位于爱尔兰东北部贝尔法斯特港口的鲑鱼雕像，用瓷砖把鲑鱼的鱼鳞以趣味的方式表现出来。

鲑鱼与人的木雕　左边是半人半鲑的男人像，右边是一个直接化身为鲑鱼的人像。

装饰在建筑物上的鲑鱼雕像　在美国俄勒冈州波特兰蔡斯街道，一只完整的鲑鱼雕像穿过建筑物的墙壁。这个雕像把鲑鱼的特征栩栩如生地表现出来。

鲑鱼为什么可以在淡水与海水之间洄游？

淡水与海水的含盐量不同，大部分的鱼类只能选择在淡水或是海水里生活。可是鲑鱼可以洄游于淡水和海水之间，全是因为生活在海水里时，体内的水分会快速排出去，所以鲑鱼会吞进大量的水，再排出少量含盐分多的尿液。相反的，生活在淡水里时，水分会大量进入体内，所以鲑鱼基本上不喝水同时排出大量稀释过的尿液。鲑鱼就是用这种方法来调节体内的盐分与水分，往返于淡水和海水之间。

鲑鱼在大海里如何找到遥远的故乡呢？

为了解开这个疑问，很多科学家都在努力研究，但真正的原因至今没有找到。有些科学家认为鲑鱼以太阳的位置为标准，确定移动方向。可是大部分的鲑鱼都在夜间活动，白天躲进深海里，鲑鱼如何确定太阳的位置呢？又有些科学家认为鲑鱼像鸽子一样，感受着地球磁场，判断移动的方向。目前通过实验证实，当鲑鱼跟着磁场方向游动时，只要改变磁场的方向，鲑鱼就会跟着改变游泳的方向。还有一些科学家主张，鲑鱼根据海水温度或盐分浓度的差异，来确定移动的方向。

鲑鱼的嗅觉到底有多敏锐？

河水里溶解了很多种不同的物质，每条河水的味道都不一样。鲑鱼辨别味道的能力到底有多强呢？曾经有科学家调查研究，在950升海水里滴上一滴鲑鱼出生地的河水，鲑鱼就可以正确无误地闻出来。鲑鱼的嗅觉这么厉害，真让人不敢相信啊！

如何知道鲑鱼的年纪？

鲑鱼的年纪其实看体长就可以猜出来了。出生一年的鲑鱼体长大约5～11厘米，出生两年大约40～50厘米，出生三年大约60～70厘米。当然，这只是估计，不是百分之百准确。如果想准确知道鲑鱼的年纪，就要看鲑鱼的鱼鳞。鲑鱼的鱼鳞跟树木一样有年轮，每长一岁就会多出一圈年轮。营养丰富时的年轮间隔比较宽；如果食物短缺就长得比较慢，圆形年轮间隔相对就比较窄。所以只要看年轮疏密相间有几圈，就可以知道鲑鱼的正确年纪。

游到大海的鲑鱼，能够重新返回河流的有多少呢？

小鲑鱼离开自己出生的故乡之河，来到大海长成成年鲑鱼，然后能够再返回故乡之河繁殖的鲑鱼数量其实只有出生时的3%左右。也就是说，100条鲑鱼中，能够平安返回故乡之河的只有3条而已。大部分的鲑鱼不是在大海里被海豚或鲨鱼吃掉，就是在艰辛的返乡旅途中筋疲力尽而亡。

听说在鲑鱼逆流而上的河畔生长的树木都比较茁壮，这是真的吗？

一棵云杉长在有鲑鱼洄游的河畔，另一棵长在没有鲑鱼洄游的河畔，两棵云杉的年龄差不多，但是前者的树围多出大约20厘米。鲑鱼在大海里长大后会溯河到上游繁殖，产卵后就会死掉，此时鲑鱼身体里的氮、磷等营养成分流进河里，并被长在河畔的树木吸收。所以长在有鲑鱼洄游的河畔的树木，当然要茁壮许多。

这样长成的树木，树叶更加茂密，遮挡更多的阳光，让河水里的温度降低，创造出更适合小鲑鱼生长的环境。

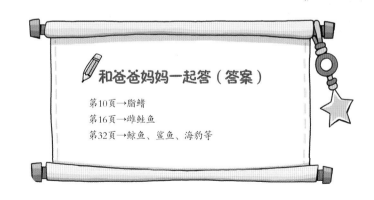

✏ 和爸爸妈妈一起答（答案）

第10页→脂鳍
第16页→雌鲑鱼
第32页→鲸鱼、鲨鱼、海豹等

版权贸易合同登记号 图字：01-2020-1481

图书在版编目（CIP）数据

真实的大自然. 水中动物. 鲑鱼 / 韩国与元媒体公司著 ; 胡梅丽, 马巍译. -- 北京 : 电子工业出版社, 2020.7

ISBN 978-7-121-39184-2

Ⅰ. ①真… Ⅱ. ①韩… ②胡… ③马… Ⅲ. ①自然科学 – 少儿读物 ②鲑属 – 少儿读物 Ⅳ. ①N49 ②Q959.46-49

中国版本图书馆CIP数据核字(2020)第113146号

责任编辑：苏　琪
印　　刷：北京利丰雅高长城印刷有限公司
装　　订：北京利丰雅高长城印刷有限公司
出版发行：电子工业出版社
　　　　　北京市海淀区万寿路 173 信箱　邮编：100036
开　　本：889×1194　1/16　印张：20.5　字数：310.95 千字
版　　次：2020 年 7 月第 1 版
印　　次：2022 年 3 月第 2 次印刷
定　　价：273.00 元（全 7 册）

凡所购买电子工业出版社图书有缺损问题，请向购买书店调换。若书店售缺，请与本社发行部联系，联系及邮购电话：
（010）88254888，88258888。

质量投诉请发邮件至 zlts@phei.com.cn，盗版侵权举报请发邮件至 dbqq@phei.com.cn。

本书咨询联系方式：（010）88254161 转 1882，suq@phei.com.cn。

真实的大自然
给孩子一座自然博物馆

水中动物
鲨鱼

韩国与元媒体公司 / 著　胡梅丽 马巍 / 译　杨静 / 审

电子工业出版社
Publishing House of Electronics Industry

北京·BEIJING

带孩子走进真实的大自然

——送给孩子一座自然博物馆

大自然本身就是一座气势恢宏、无与伦比的博物馆。自然万象，展示着造物的伟大，彰显着生命的活力。我们在这样的自然奇观面前，心潮澎湃，敬畏不已。为人父母，没有人不愿意尽早地带孩子领略这座博物馆的奥秘和神奇！然而，这又谈何容易？一座博物馆需要绝佳的导游，现在，《真实的大自然》来了！

《真实的大自然》之所以好，至少有以下几方面：

一，真实。市面上，真正全面、真实地反映自然的大型科普读物并不多见。好的科普读物，首先必须建立在严谨的科学知识的基础上。现在，科学素养越来越成为一个人的立身之本。这套书，是多位世界级的生物科学家的"多手联弹"，4000 多张高清照片配合着精准有趣的文字描述，重现地球生命的美轮美奂。长颈鹿脖子有多长？鸵鸟有多大？都用 1:1 的比例印了出来！当孩子打开折页，真实的大自然变得伸手可及。

二，诚挚的爱心。大自然并不是一座没有感情的机器，每一种动物，都有自己充满爱心的家庭，每一个小生命毫无例外，都得到了深深的关爱与呵护。这种爱心，甚至遵循着无差别的平等伦理，家庭成员相互之间也是无差别的友爱。比如，大象

宝宝掉到泥池中，它的三个姐姐又是拽又是推，愣是把弟弟救上岸。大象姐姐不幸离世，弟弟还用鼻子摸一摸姐姐，久久不愿离去；离开前，所有大象还用树枝默默地覆盖住尸体加以保护。过了很久它们还会再回来祭奠。这是多么神奇的生命教育课！

三，童趣十足。这套书貌似"硬科普"，但语言亲切、质朴，充满情趣，不急不躁，耐心地从孩子的角度使用了孩子的语言，与孩子产生共鸣。比如："哇！是蚜虫，肚子好饿啊，我要吃了。""你是谁呀？竟然想吃蚜虫！""哎呀！快逃！这里的蚜虫我不吃了。""亲爱的瓢虫小姐，请做我的另一半吧！""嗯，我喜欢你。我可以做你的另一半。"充满童趣的故事和画面贯穿全书始终。

四，画面震撼、生气盎然。每本书都会有一个特别设计的巨幅大拉页，使用一系列连续的镜头把动植物的生命周期完整重现出来。孩子从这些连续的图中，可以感受到大自然中每一个生物叹为观止的生命力。比如，瓢虫成长的 14 幅图加起来竟然有 1.25 米长！

五，精湛的艺术追求。艺术是人类的创造，然而艺术法则的存在在自然界却是普遍的事实。每一个生命中力量的均衡、

结构的和谐、情感的纯朴、形象的变化，都气韵生动地展示出自然世界的艺术性力量。难能可贵的是，主创人员通过语言描述和视觉呈现，将这种艺术性逼真地表达了出来，激荡人心。

六，最让人感念的是无处不在的教育思维。虽然书中有海量的图片，但是仔细研究发现，没有一张图是多余的，每张图都在传递着一个重要的知识点。摄影师严格根据科学家们的要求去完成每一张图片的拍摄，并不是对自然的简单呈现，而是处处体现着逻辑严谨、匠心独具的教学逻辑。对每种生物都从出生、摄食、成长、防卫、求偶、生养、死亡、同类等多个维度勾勒完整的生命循环，呈现生物之间完整的生态链条。主创团队是下了很大

的决心，要用一堂堂精美的阅读课，召唤孩子的好奇心和爱心，打好完整的生命底色，用心可谓良苦。

跟随这套书，尽享科学之旅、发现之旅、爱心之旅、审美之旅，打开页面，走进去，有太多你想象不到的地方，让已为人父母的你也兴奋不已。我仿佛可以看到，一个个其乐融融地观察和学习生物家庭的人类小家庭，更加为人类文明的伟大和浩荡而惊奇和感动！

让我们一起走进《真实的大自然》！

李岩
第二书房创始人 知名阅读推广人

审校专家

张劲硕 科普作家，中国科学院动物研究所高级工程师，国家动物博物馆科普策划人，中国动物学会科普委员会委员，中国科普作家协会理事，蝙蝠专家组成员。

高 源 北京自然博物馆副研究馆员，科普工作者，北京市十佳讲解员，自然资源部"五四青年"奖章获得者，主要从事地质古生物与博物馆教育的研究与传播工作。

杨 静 北京自然博物馆副研究馆员，主要研究鱼类和海洋生物。

常凌小 昆虫学博士后，北京自然博物馆科普工作者，主要研究伪瓢虫科。

秦爱丽 植物学专业，博士，主要从事野生植物保护生物学研究。

在蓝色大海里，
有生物"咻咻"地飞快
游动着，
那是有着大鱼鳍
的鲨鱼！
"我是海里的大
王，所有的鱼看
到我，都吓得赶紧躲
起来。"

鲨鱼龇牙咧嘴，
露出得意的样子！
为什么海洋生物都这
么怕鲨鱼呢？

恐怖的猎人

肚子饿了，鲨鱼为了找猎物而四处张望。

"嘻嘻，找到了。"

鲨鱼悄悄靠近猎物，张大嘴，

用尖锐的牙齿狠狠地咬住。

靠近猎物的鲨鱼　鲨鱼的听力、嗅觉都很好，能够敏锐地察觉动物的移动，所以很容易找到猎物。

海里的猎人 鲨鱼是海里力气最大的鱼类。它们中有一些种类就和陆地上的老虎、狮子一样，以捕猎动物为生。

有些鲨鱼的牙齿真让人害怕啊！

尖锐的牙齿，是鲨鱼最厉害的武器。

鲨鱼靠着这口牙齿，

"咔嚓"一声，就把猎物吞进肚子里。

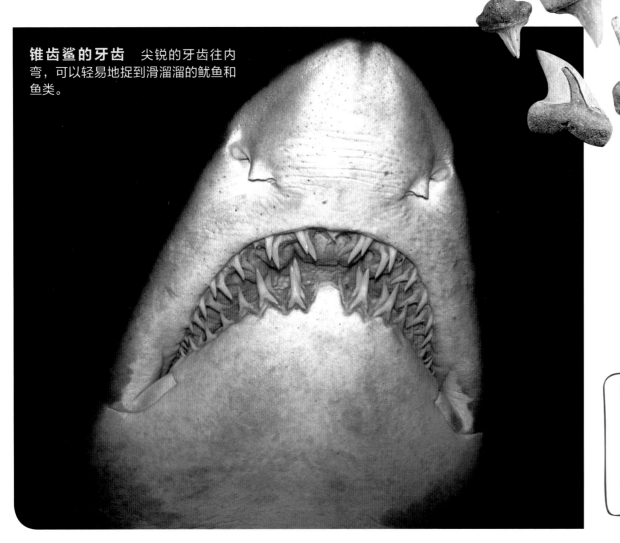

锥齿鲨的牙齿 尖锐的牙齿往内弯，可以轻易地捉到滑溜溜的鱿鱼和鱼类。

鲨鱼牙齿的化石 鲨鱼的牙齿非常坚固，所以留下了很多化石。

常识小课堂

鲨鱼有多少颗牙齿？ 吃到坚硬的东西时，鲨鱼的牙齿很容易断掉或磨坏。不过鲨鱼有不断生长的新牙，前面的断掉了，后面的牙齿会往前递补。鲨鱼一生中，会换几万颗牙齿。

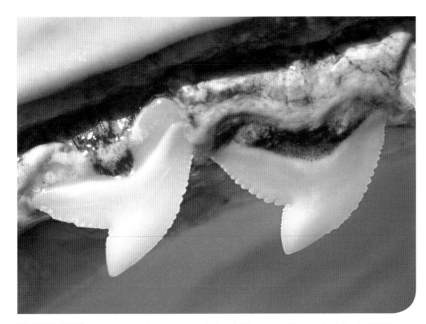

鼬鲨的牙齿 长在正中央，呈尖锐锯齿状，可以轻易咬碎海龟的外壳和骨头。

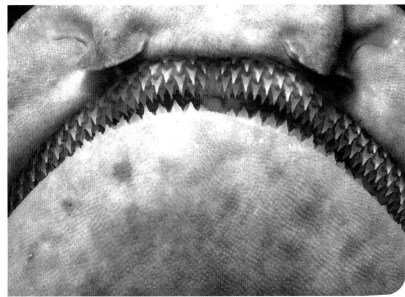

阴影绒毛鲨的牙齿 大嘴巴里长着好几排小牙齿。它们生活在黑漆漆的海底，夜晚出来捕猎躲藏的鱼。

这是大白鲨张开的上下颌骨。
长在上颌的尖锐的锯齿状牙齿，
真让人毛骨悚然啊！
这口牙齿到底有多大呢？

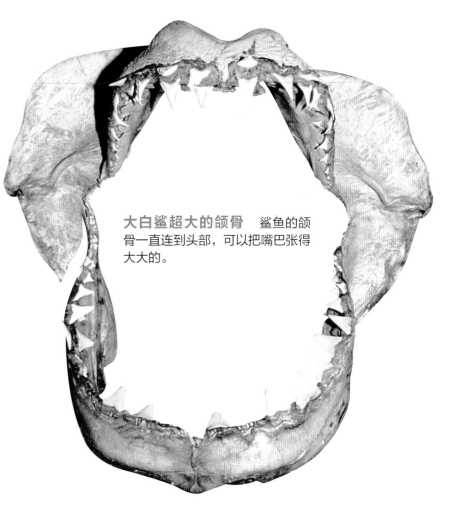

大白鲨超大的颌骨 鲨鱼的颌骨一直连到头部，可以把嘴巴张得大大的。

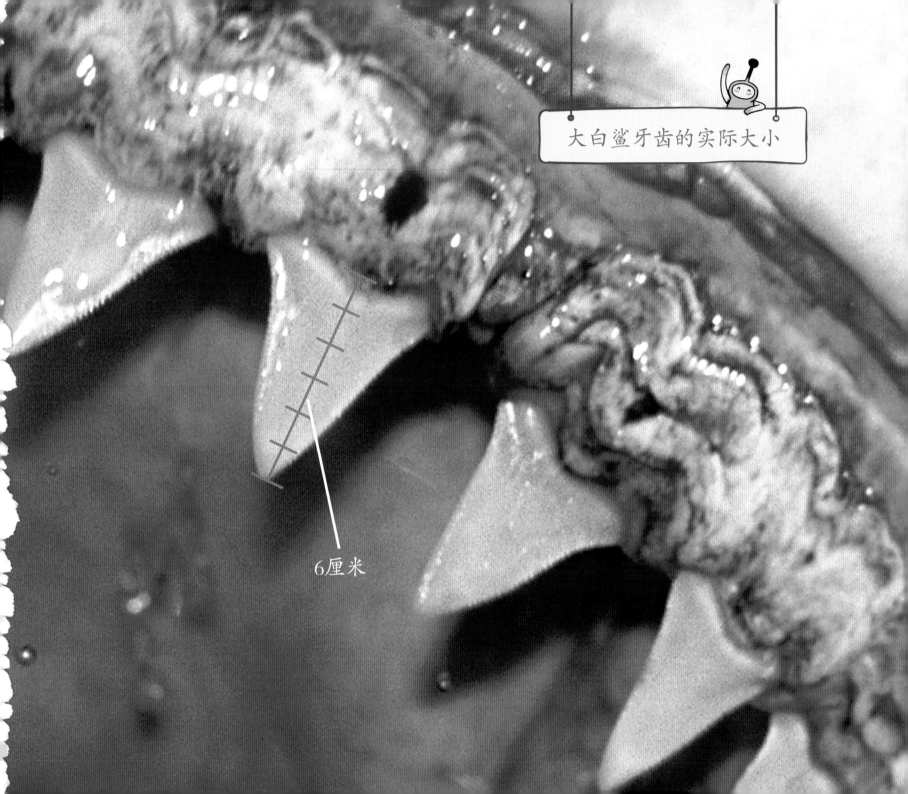

大白鲨牙齿的实际大小

6厘米

大白鲨的一颗牙齿有5～7.5厘米长。如果被大白鲨咬到，就很难逃出这口恐怖的牙齿了。

大白鲨的牙齿　大白鲨非常骄傲它有大大的嘴巴、尖锐的牙齿，以及强有力的上下颌。

我就长这个样子

"除了牙齿，我还有很多地方可以炫耀哦！
大大的鱼鳍，让我在大海里自在地游泳！
眼睛后面有鳃裂，让我呼吸很顺畅！"
鲨鱼全身有粗硬的盾鳞，骨头却很柔软。

侧线　感知海水流动的变化，可以确定猎物的位置。

第一背鳍　辅助身体翻转或改变方向。

隆脊　因为尾柄处有一条像利刃一样突出来的肌肉，能使尾鳍摆动更加有力。

第二背鳍

尾鳍　大部分鲨鱼尾鳍的上叶比下叶大，大白鲨尾鳍的上下叶长度却差不太多。

常识小课堂

鲨鱼和其他鱼类有什么不同？
1.身体由柔软的软骨组成。
2.鱼可以在水里浮沉是因为有鱼鳔，而鲨鱼没有鱼鳔，是靠着肝脏里大量的油脂，调解身体比重，并且不停地游动，才能在水里浮沉。

臀鳍

腹鳍　用来保持平衡。

胸鳍　需要临时停止游动或浮出水面时使用，具有平稳身体的功能。

眼睛 鲨鱼的眼睛有瞬膜，就像人类的眼睑一样，具有保护眼睛的功能。

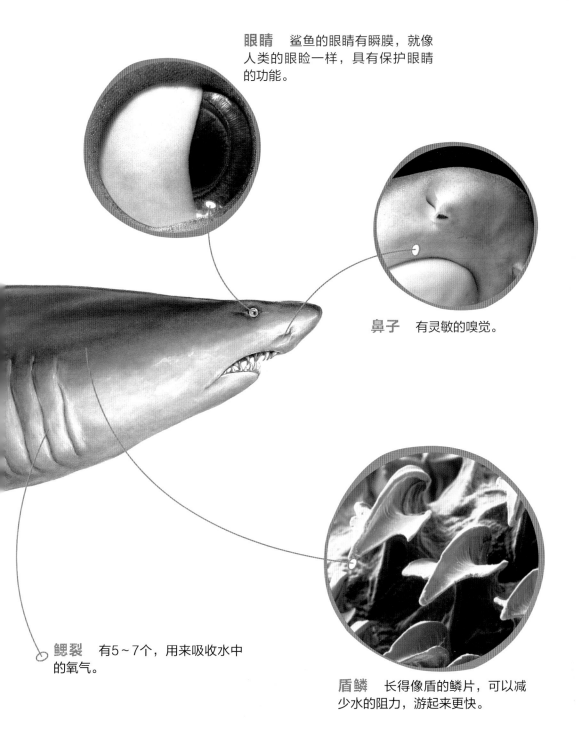

鲁裂

闭上鳃裂
当张开嘴巴喝水时，就会闭上鳃裂。

打开鳃裂
吸收了水中的氧气后，再通过鳃裂把水排出去。

鼻子 有灵敏的嗅觉。

鳃裂 有5~7个，用来吸收水中的氧气。

盾鳞 长得像盾的鳞片，可以减少水的阻力，游起来更快。

超敏锐的感觉器官

"这是什么味道？哇，是血！"鲨鱼的鼻子很灵敏，
感觉也很厉害哦！
它能侦测到动物发出的微弱电波，所以躲在沙子里的
猎物也逃不过它的追踪。

嗅觉超灵敏的鲨鱼　鲨鱼的嗅
觉非常敏锐，对血的味道更是敏
感。拿饵引诱鲨鱼，它会瞬间游过
来，狠狠地一口咬下去。

能侦测电波的罗伦氏壶腹　鲨鱼嘴巴旁边有数百个小孔——罗伦氏壶腹。这些小孔是鲨鱼的感觉器官，不仅能测试水温和盐分，还能侦测到电波。

鲨鱼正在寻找躲在沙子里的猎物　鲨鱼利用罗伦氏壶腹，侦测到躲在珊瑚或沙子里的猎物。

和爸爸妈妈一起答

鲨鱼利用哪个器官侦测到动物身上发射出来的电波？

（答案在第53页）

我不挑食，什么都吃！

"嗯，好吃，好吃。我最喜欢吃鱼和海豹了，
还有硬壳的贝类和海龟！"
鲨鱼大摇大摆地在海里游泳，寻找喜欢吃的食物。

吞食海螺的鼬鲨　鼬鲨利用尖锐的牙齿猎食海龟、贝类、海螺等，就连海面上的鸟都会捕来吃掉。

正在猎食海象的大白鲨　大白鲨主要猎食体型较大的哺乳动物，如海象、鲸等。

鲨鱼和海豚合作，一起攻击鱼群

虽然鲨鱼会捕食海豚，但有时也会和海豚合作，合力围捕鱼群。

"我只要张开嘴，食物就会自动进入嘴里。"鲸鲨和姥鲨用腮过滤水中的浮游生物，再吞进肚子里。

姥鲨 体型只比鲸鲨小，是体型第二大的鲨鱼。它和鲸鲨都不会主动捕猎，而是把吞进嘴里的水过滤后，吃里面的浮游生物。

常识小课堂

鲨鱼是如何猎食的? 首先，听声音来推测猎物方向。接着闻味道，确定猎物位置。等猎物相隔约100米时，再通过侧线感受猎物移动时水产生的流动。距离10米以内时，眼睛就可以看到猎物了。

鲸鲨 鲸鲨是世界上体型最大的鱼类。为了维持庞大身体的运转，需要吃很多食物，所以它利用鳃把水过滤后，大口吞食浮游生物和小鱼。

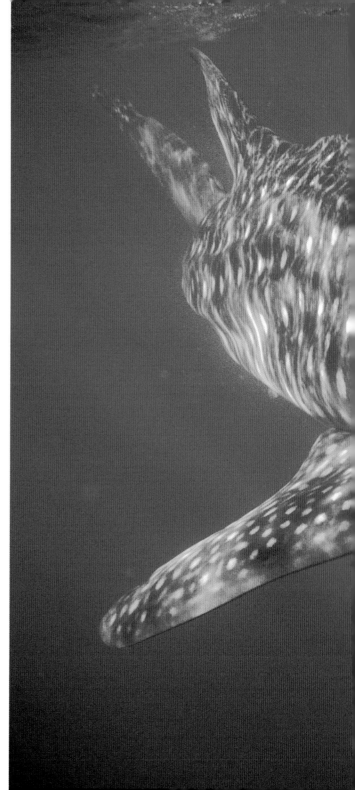

🦈 要交配喽！

吃得饱饱的雄鲨鱼，开始去寻找雌鲨鱼了。

"亲爱的，嫁给我吧！"雄鲨鱼围着雌鲨鱼转圈。

雌鲨鱼一答应，雄鲨鱼就把雌鲨鱼拉到身旁，开始交配。

交配过后，雌鲨鱼就会在大海的水草间产卵。

正在咬雌鲨鱼胸鳍的雄鲨鱼 找到伴侣的雄鲨鱼，会紧紧咬住雌鲨鱼的胸鳍或鳃裂周围，把雌鲨鱼拉到自己身边。

正在交配的鲨鱼 雄鲨鱼把生殖器放进雌鲨鱼身体里排放精子。大部分的鱼类在体外受精，鲨鱼却是在体内完成受精。

有的卵鞘长得像有绳子的手套 卵鞘的两端有长带子，可以挂在珊瑚礁或海草上。

有的卵鞘长成螺旋状 有些种类的鲨鱼卵鞘长成螺旋状，插在石缝里就不容易被海浪冲走了。

21

突破卵鞘而出的小鲨鱼，从小就自己寻找猎物，
长大后，就会变成"海底猎人"了。

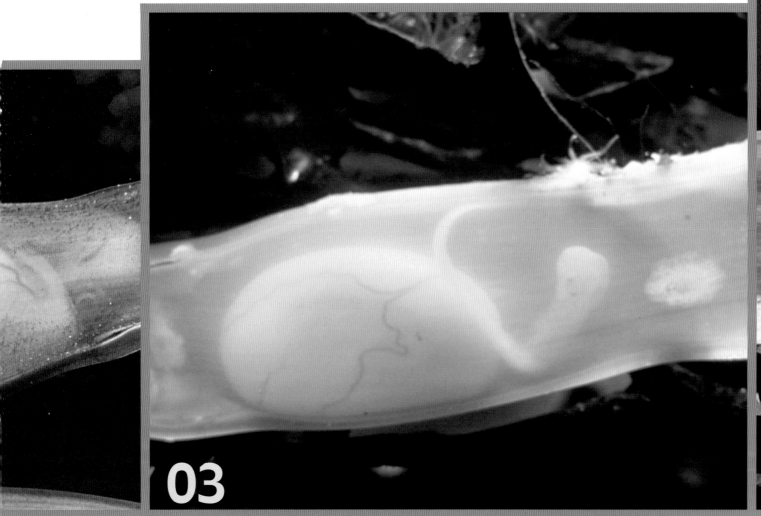

03

小鲨鱼吸收卵黄囊里的营养，慢慢地长大。

04

长出眼睛和鼻子后，鲨鱼的模样就出来了。

小鲨鱼从卵里出来喽！

在卵鞘里的小鲨鱼，一天天长大。

"可以出来喽！"小鲨鱼突破卵鞘外壳，
露出脸来。

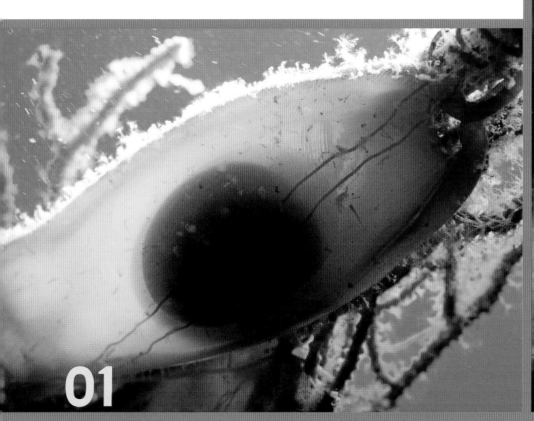

01

挂在珊瑚上的鲨鱼卵鞘，卵里的一团黑影就是卵黄。

02

带有卵黄囊的小鲨鱼。鲨鱼的卵鞘会越来越坚
硬，以保护里面的小鲨鱼。

从妈妈的肚子里出来了！

"我可爱的小宝宝，要快快长大哟！"

除了有卵生的鲨鱼，还有胎生和卵胎生的鲨鱼。

有的鲨鱼妈妈会先在肚子里把卵养大，

再生出小鲨鱼来。

从妈妈肚子里生出来的小鲨鱼 包在卵膜里的小鲨鱼先露出尾巴，再从妈妈的肚子里滑出来。

钩在脐带上的小鲨鱼 从妈妈的肚子里生出来的小鲨鱼，自己把脐带切断后游向大海。

05

鱼鳍也长出来了，小鲨鱼只能长到卵鞘的大小，卵鞘限制了它的生长。

06

卵黄都消化完了以后，小鲨鱼就会突破卵鞘而出。刚出卵鞘的小鲨鱼很瘦小，身体也很柔软。

07

小鲨鱼在没有妈妈的帮助下，自己捕捉猎物，慢慢地长大。

在海底游来游去的鲨鱼 鲨鱼宝宝大多在浅海里生活，慢慢长大后渐渐向深海移动，因为深海里的食物更多一些。

在妈妈肚子里孵化的小鲨鱼　灰鲭鲨、大白鲨、锥齿鲨等，都是在妈妈的肚子里孵化的。有的小鲨鱼破卵而出后，会把妈妈肚子里的卵以及其他刚出来的小鲨鱼通通吃掉，只剩下自己。小鲨鱼吸收着挂在肚子上的卵黄，一天天地长大。

帅气的游泳健将

越来越大的鲨鱼，为了寻找食物，游进更深的海洋。

"我有流线型身材，可以游得很快。我的骨头很软，可以更容易改变方向。"

鲨鱼是身手敏捷的游泳健将，摇摆着巨大的尾鳍游动。

鲨鱼弯着身体游泳 身体弯起来，用力摇摆尾鳍往前游去。尾鳍弯得越厉害，越能快速地向前游动。

鲨鱼的尾鳍　游泳神速的大白鲨、灰鲭鲨、浅海长尾鲨等，都有巨大的尾鳍。而生活在海底的阴影绒毛鲨、宽纹虎鲨等，尾鳍就比较小。

大白鲨的尾鳍

浅海长尾鲨的尾鳍

宽纹虎鲨的尾鳍

阴影绒毛鲨的尾鳍

躲到隐秘的地方

"找不到我吧！我喜欢躲在海里隐秘的地方。"
有些鲨鱼的颜色和环境相似，不容易被发现。鲨鱼躲起来，等猎物
出现，就一口把它吞进肚子。

藏在石头缝里的宽纹虎鲨　它们的肤色和周边石头相似，不容易被发现。宽纹
虎鲨把海螺、螃蟹咬破后，就开始吃壳里的肉。

和爸爸妈妈一起答

大白鲨和日本须鲨，哪一种会藏在海底？

（答案在第53页）

藏在珊瑚礁里的日本须鲨　身上有斑纹和海藻般的胡子，日本须鲨就是利用这些胡子，让鱼虾误以为是海草，等猎物靠近，再将它们捕食。

对！就是要这样，等待食物出现。
"嗯，真好吃。"鲨鱼津津有味地吃着刚猎捕到的鱼。

日本扁鲨　藏在沙子里，等小鱼和其他生物经过时，突然起身将它们吃掉。虽然还没发生日本扁鲨攻击人类的事情，但因为它们牙齿锋利，所以在接触时还是要小心。

有些鲨鱼为什么要把身体藏在沙子里呢？

鲫鱼头上的吸盘　鲫鱼利用头顶上的吸盘，贴在鲨鱼身上跟着移动。其实它自己也是会游泳的。

贴在鲨鱼身上的鲫鱼　鲫鱼贴在鲨鱼身上移动相对轻松，它们会把鲨鱼身上的寄生虫吃干净，对鲨鱼也有好处。

和鲨鱼共生

"我们好好相处吧！"鲫鱼吸附在鲨鱼身上。

"和鲨鱼一起游泳，让我们轻松很多。"

领航鱼（舟鲕）也跑来贴在鲨鱼身旁，一起游动。

和鲨鱼共游的领航鱼　这些鱼跟在巨大的鲨鱼身旁共游，是因为鲨鱼游动时产生的水流，可以让它们轻松游动。有些鱼喜欢和鲨鱼在一起，是因为大部分的鱼都怕鲨鱼，这样自己相对就安全了。领航鱼的身手敏捷，不担心被鲨鱼吃掉。

鲨鱼的好朋友

"我是鱼类中体型最大的，有大卡车那么大！"
鱼类中体型最大的鲸鲨得意地说。

"我是世界上体型最小的鲨鱼哦！"侏儒角鲨说。

侏儒角鲨 是鲨鱼中体型最小的。幼鱼比人的手掌还要小，长大了也不过20厘米左右。

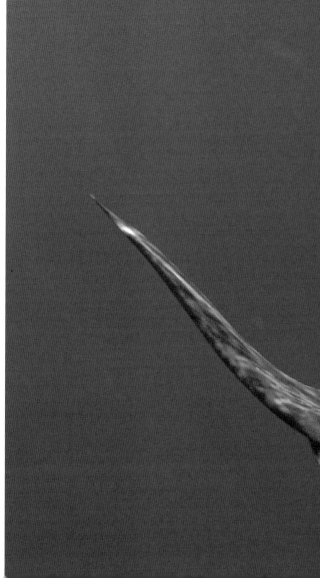

鲸鲨
鲸鲨是体型最大的鲨鱼，身长达18米。它们虽然体型巨大，性格却很温和，人类靠近它们也不会有危险。

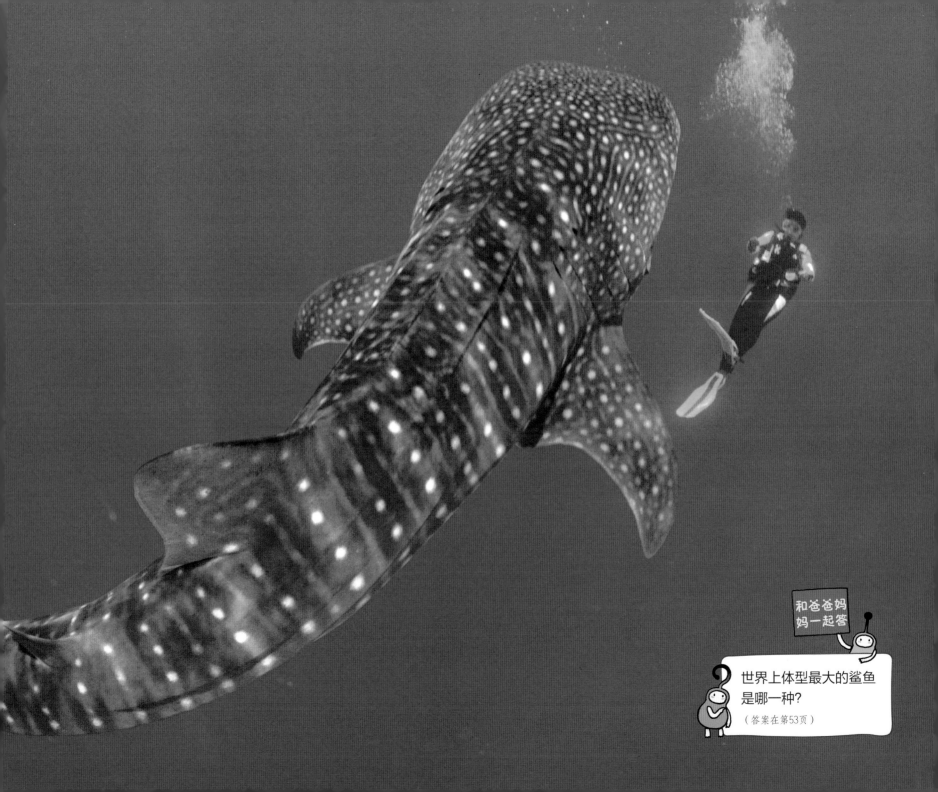

和爸爸妈妈一起答

世界上体型最大的鲨鱼
是哪一种？

（答案在第53页）

"你们看！我头上像不像绑了两个发髻呢？"
鲨鱼的种类非常多，分布在大海的各个角落。

双髻鲨 头长得像绑了两个髻。它们生性凶猛，眼睛长在槌状头部的两端，所以能看清四面八方。

鼬鲨　身上有跟老虎相似的斑纹，所以又称为虎鲨，是一种性格凶猛的鲨鱼。

浅海长尾鲨　是鲨鱼中尾巴最长的，尾鳍上叶和身体一样长。

大青鲨　背部和身体两侧为蓝色。生活在深海里，偶尔也会游出海面，攻击人类和船只。

鲨鱼的亲戚

"我是躲藏在沙子里的许氏犁头鳐，
看起来像鲨鱼，其实更接近魟鱼！"
鲼（fèn）、魟（hóng）和鲨鱼都属于软骨鱼类。

魟鱼 魟类较鲼类扁平，有着大大的胸鳍及长长的尾巴。有的魟鱼尾部长有毒刺。

许氏犁头鳐 身体宽大扁平，眼睛长在背上。喜欢把身体埋在沙里，捕食贝类和小鱼。

和鲨鱼一起玩吧！

鲨鱼

鲨鱼不同于鲫鱼、鲭鱼，它们的骨头是非常柔软的软骨。它们出现在地球上的时间比恐龙还早，数亿年来外形几乎没有改变。全世界有约400种鲨鱼，中国海域大约有130种鲨鱼。

鲨鱼为什么会攻击人类？

海底猎人鲨鱼，利用尖锐的牙齿猎食其他动物，它也会攻击正在海里采贝类、鲍鱼的海女，有时还会攻击正在游泳的人们。这是为什么呢？

有人称鲨鱼为"海里的猎狗"，可见它们的嗅觉非常敏锐，人类只要留下一百万分之一滴的血，鲨鱼也能在数百米外闻到。另外海里的鱼在一千米外游泳所产生的音波振动，它们也能清楚听到。

幸好四百多种鲨鱼中，会攻击人类的只有三十多种，其中包括大白鲨、阔口真鲨、鼬鲨等，而生性凶恶的鲨鱼也不过十多种。身长18米的鲸鲨，体型那么大，却从来不会攻击人类呢！

攻击潜水员的鲨鱼 为了预防鲨鱼的攻击，潜水员需要穿上金属网制造的潜水服，或者躲进金属铁笼里，去接近鲨鱼并观察它们。

科学家至今仍不清楚鲨鱼为什么会攻击人类。有的专家认为鲨鱼误以为人类是海里的生物，才会加以攻击。鲨鱼在海里往上看正在游泳的人类时，就像看到最喜欢的食物海豹一样。有时候，鲨鱼从人类那里感受到危险，才会攻击人类。

　　如果人类在海里流了血或拿着像鱼一样的诱饵，更容易受到鲨鱼的攻击。鲨鱼的咬合力非常惊人，假如被鲨鱼尖锐的牙齿咬住，几乎很难逃脱。被身长2米的鲨鱼咬住，这个咬合力就如同双脚被从3000米高处掉下来的大石头砸到一样。

假如有大白鲨在海边出没，不论游泳、冲浪或潜水等活动，都是非常危险的。

欢迎来到海底世界

你对鲨鱼如何游泳、如何猎食等问题，是不是十分好奇呢？其实有个地方可以近距离观察鲨鱼哦！

现在，我们就跟爸爸妈妈一起到海洋馆参观吧！

海洋馆里除了鲨鱼外，还可以看到各种各样的海中生物哦！有机会近距离目睹潜水员喂食，你就会看到鲨鱼瞬间一口吞进食物的样子。在海洋馆，你还可以亲手触摸海洋生物，例如把手放进水里摸摸海星、贝类、海胆等，用触觉来认识海里的生物。

海洋馆 以海洋动植物为主题展示的公园就是海洋馆，在这里，不仅可以让人们直观了解到海洋知识，更多是提醒人们，要珍惜海洋生物，保护海洋环境。

体验池 通过观察海胆、亲手触摸海草、海星等,来认识海洋生物。

接触鲨鱼 有穿着潜水服、带着氧气筒的专业潜水员在里面,我们可以从有机玻璃外面,近距离、安全地观察鲨鱼。

海底隧道 由巨大的水槽建造而成,可以亲眼目睹海底世界。

美术作品里的鲨鱼

鲨鱼是神秘古老的动物，比恐龙和人类更早生存在地球上。

人类对鲨鱼尖尖的牙齿感到恐惧，甚至把这种想法搬进银幕和美术作品里。

我们现在就来看看美术作品里的鲨鱼吧！

《沃森和鲨鱼》

　　1749年，14岁少年沃森在古巴附近的海里游泳时，遭受到鲨鱼的攻击。他的同伴赶紧驾船去救他，有的人伸手去拉沃森，有的人握着鱼叉朝鲨鱼刺去。被鲨鱼咬掉一条腿的沃森，终于捡回了一条命。沃森长大后，在英国伦敦事业有成，对当年从鬼门关捡回一条命感到庆幸，于是委托画家科普利，把自己遭受鲨鱼攻击的情景以绘画的方式记录下来。

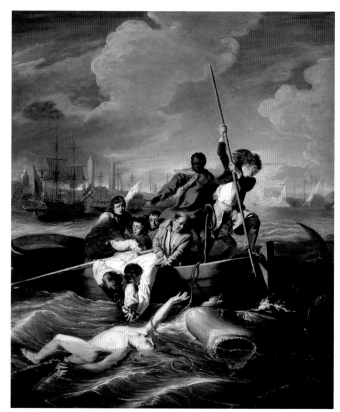

1788年，沃森委托画家科普利所绘的油画。一群人露出恐惧的表情望着少年。从他们脸上，我们可以感受到这群人急切真诚的心情。

温斯洛·霍默的《墨西哥湾流》

《墨西哥湾流》是19世纪美国画家温斯洛·霍默的作品。温斯洛·霍默留下了很多风景画和风俗画，例如《墨西哥湾流》《前线的俘虏》《微风》《救生索》等。

从这幅画中，我们看到被鲨鱼群包围的小船，船帆已破，桅杆也断了。把当时的凶险，以绘画的形式表现了出来。而在逃离鲨鱼群的攻击后，船上的人却与船一起坠入大海，令人感到悲伤。

1899年的油画作品，将暴风雨即将来袭，前方却有鲨鱼群的危急紧迫之感描绘得非常逼真。

鲨鱼装饰品

虽然历史上鲨鱼被制作成各类装饰品，但随着人类的滥捕滥杀，部分种类的鲨鱼已面临灭绝。

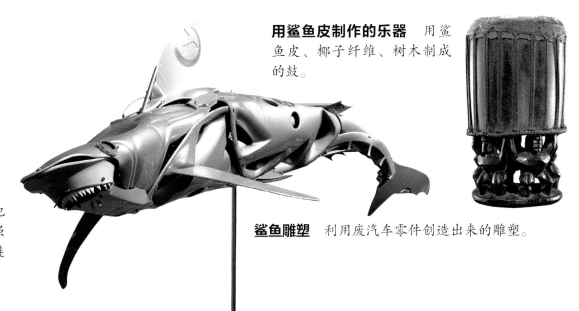

用鲨鱼皮制作的乐器 用鲨鱼皮、椰子纤维、树木制成的鼓。

鲨鱼牙齿项链 有些民族认为把鲨鱼的牙齿戴在身上，可以增强力气，所以将鲨鱼牙齿做成项链挂在身上。

鲨鱼雕塑 利用废汽车零件创造出来的雕塑。

听说鲨鱼不睡觉，是真的吗？

鲨鱼体内没有可以让身体浮起来的鱼鳔，所以不游动的话，就会沉下去。鲨鱼用肝脏替代了鱼鳔的功能，可惜肝脏的调节功能比不上鱼鳔，所以鲨鱼必须不停地游来游去，调节比重以免沉下去，也因此鲨鱼只能浅睡或打个盹喽！

有人把鲨鱼做成衣服，是真的吗？

鲨鱼的皮肤上密布着盾形的鳞，游泳时可以减少阻力。于是有人模仿鲨鱼的皮肤，织出类似的布料做成泳衣。穿着这种泳衣游泳，速度会加快百分之三左右，不可思议吧！

如果大白鲨和虎鲸决斗的话，谁会赢？

如果鲨鱼中最凶猛的大白鲨和鲸类中最凶残的虎鲸在海里决斗的话，谁会赢呢？

大白鲨不仅捕杀其他鲨鱼，还会猎食鱼类、海鸟、海豹、海豚等，所以有人称它为"海底猎人"。而虎鲸的身长可达7米，而且拥有有力的颌部，力气非常大，能够打败比自己还大的其他鲸鱼。

有人认为，它们如果真的打斗起来，大白鲨应该会赢。不过虎鲸的智商较高，还是有机会赢大白鲨的。

遇到鲨鱼时，要如何保护自己？

近年来，南非共和国频频传出鲨鱼袭击人类事件，于是发明了一种"鲨鱼盾"来击退鲨鱼。鲨鱼盾是一种电子装备，能发出鲨鱼不喜欢的电波，可惜这种电波并不是百分之百起作用。

鲨鱼的祖先是谁？

鲨鱼大约在4亿年前就生存在地球上了。从化石中发现，最早的鲨鱼称为裂口鲨，它们的尾鳍强壮，游起泳来非常快速。根据牙齿的尖锐程度来看，应该已经会捕食猎物了。

和今日的鲨鱼最接近的古老鲨鱼，是大约1亿年前到6500万年前出现的巨齿鲨。巨齿鲨身长约15米，牙齿有15厘米，嘴巴也能张得很大。巨齿鲨的猎物有小鱼，也有大到像鲸鱼那么大的生物。它们的咬合力比大白鲨厉害6~10倍，很可怕吧！

鲨鱼的牙齿　上面3个巨大的牙齿是巨齿鲨的，剩下的是现存的鲨鱼的牙齿。

鲨鱼的智商是多少？

以鲨鱼的身体和大脑的比例来计算，鲨鱼的大脑差不多和鸟类、哺乳动物的大脑一样大，学习能力则和鸟、老鼠差不多。有的鲨鱼学习能力和兔子差不多，真让人惊讶！

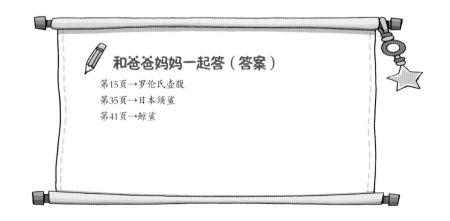

🖊 **和爸爸妈妈一起答（答案）**

第15页→罗伦氏壶腹
第35页→日本须鲨
第41页→鲸鲨

版权贸易合同登记号 图字：01-2020-1481

图书在版编目（CIP）数据

真实的大自然. 水中动物. 鲨鱼 / 韩国与元媒体公司著；胡梅丽，马巍译. -- 北京：电子工业出版社，2020.7
ISBN 978-7-121-39184-2

Ⅰ.①真… Ⅱ.①韩… ②胡… ③马… Ⅲ.①自然科学－少儿读物 ②鲨鱼－少儿读物 Ⅳ.①N49 ②Q959.41-49

中国版本图书馆CIP数据核字(2020)第113147号

责任编辑：苏　琪
印　　刷：北京利丰雅高长城印刷有限公司
装　　订：北京利丰雅高长城印刷有限公司
出版发行：电子工业出版社
　　　　　北京市海淀区万寿路 173 信箱　邮编：100036
开　　本：889×1194　1/16　印张：20.5　字数：310.95 千字
版　　次：2020 年 7 月第 1 版
印　　次：2022 年 3 月第 2 次印刷
定　　价：273.00 元（全 7 册）

凡所购买电子工业出版社图书有缺损问题，请向购买书店调换。若书店售缺，请与本社发行部联系，联系及邮购电话：
（010）88254888，88258888。
质量投诉请发邮件至 zlts@phei.com.cn，盗版侵权举报请发邮件至 dbqq@phei.com.cn。
本书咨询联系方式：（010）88254161 转 1882，suq@phei.com.cn。

2020 年度第八届
中国童书榜获奖童书

真实的大自然

给孩子一座自然博物馆

水中动物

龟类

韩国与元媒体公司 / 著

胡梅丽 马巍 / 译 杨静 / 审

电子工业出版社
Publishing House of Electronics Industry
北京·BEIJING

带孩子走进真实的大自然

——送给孩子一座自然博物馆

大自然本身就是一座气势恢宏、无与伦比的博物馆。自然万象，展示着造物的伟大，彰显着生命的活力。我们在这样的自然奇观面前，心潮澎湃，敬畏不已。为人父母，没有人不愿意尽早地带孩子领略这座博物馆的奥秘和神奇！然而，这又谈何容易？一座博物馆需要绝佳的导游，现在，《真实的大自然》来了！

《真实的大自然》之所以好，至少有以下几方面：

一，真实。市面上，真正全面、真实地反映自然的大型科普读物并不多见。好的科普读物，首先必须建立在严谨的科学知识的基础上。现在，科学素养越来越成为一个人的立身之本。这套书，是多位世界级的生物科学家的"多手联弹"，4000多张高清照片配合着精准有趣的文字描述，重现地球生命的美轮美奂。长颈鹿脖子有多长？鸵鸟有多大？都用 1:1 的比例印了出来！当孩子打开折页，真实的大自然变得伸手可及。

二，诚挚的爱心。大自然并不是一座没有感情的机器，每一种动物，都有自己充满爱心的家庭，每一个小生命毫无例外，都得到了深深的关爱与呵护。这种爱心，甚至遵循着无差别的平等伦理，家庭成员相互之间也是无差别的友爱。比如，大象

宝宝掉到泥池中，它的三个姐姐又是拽又是推，愣是把弟弟救上岸。大象姐姐不幸离世，弟弟还用鼻子摸一摸姐姐，久久不愿离去；离开前，所有大象还用树枝默默地覆盖住尸体加以保护。过了很久它们还会再回来祭奠。这是多么神奇的生命教育课！

三，童趣十足。这套书貌似"硬科普"，但语言亲切、质朴，充满情趣，不急不躁，耐心地从孩子的角度使用了孩子的语言，与孩子产生共鸣。比如："哇！是蚜虫，肚子好饿啊，我要吃了。""你是谁呀？竟然想吃蚜虫！""哎呀！快逃！这里的蚜虫我不吃了。""亲爱的瓢虫小姐，请做我的另一半吧！""嗯，我喜欢你。我可以做你的另一半。"充满童趣的故事和画面贯穿全书始终。

四，画面震撼、生气盎然。每本书都会有一个特别设计的巨幅大拉页，使用一系列连续的镜头把动植物的生命周期完整重现出来。孩子从这些连续的图中，可以感受到大自然中每一个生物叹为观止的生命力。比如，瓢虫成长的 14 幅图加起来竟然有 1.25 米长！

五，精湛的艺术追求。艺术是人类的创造，然而艺术法则的存在在自然界却是普遍的事实。每一个生命中力量的均衡、

结构的和谐、情感的纯朴、形象的变化，都气韵生动地展示出自然世界的艺术性力量。难能可贵的是，主创人员通过语言描述和视觉呈现，将这种艺术性逼真地表达了出来，激荡人心。

六，最让人感念的是无处不在的教育思维。 虽然书中有海量的图片，但是仔细研究发现，没有一张图是多余的，每张图都在传递着一个重要的知识点。摄影师严格根据科学家们的要求去完成每一张图片的拍摄，并不是对自然的简单呈现，而是处处体现着逻辑严谨、匠心独具的教学逻辑。对每种生物都从出生、摄食、成长、防卫、求偶、生养、死亡、同类等多个维度勾勒完整的生命循环，呈现生物之间完整的生态链条。主创团队是下了很大的决心，要用一堂堂精美的阅读课，召唤孩子的好奇心和爱心，打好完整的生命底色，用心可谓良苦。

跟随这套书，尽享科学之旅、发现之旅、爱心之旅、审美之旅，打开页面，走进去，有太多你想象不到的地方，让已为人父母的你也兴奋不已。我仿佛可以看到，一个个其乐融融地观察和学习生物家庭的人类小家庭，更加为人类文明的伟大和浩荡而惊奇和感动！

让我们一起走进《真实的大自然》！

李岩

第二书房创始人　知名阅读推广人

审校专家

张劲硕　科普作家，中国科学院动物研究所高级工程师，国家动物博物馆科普策划人，中国动物学会科普委员会委员，中国科普作家协会理事，蝙蝠专家组成员。

高　源　北京自然博物馆副研究馆员，科普工作者，北京市十佳讲解员，自然资源部"五四青年"奖章获得者，主要从事地质古生物与博物馆教育的研究与传播工作。

杨　静　北京自然博物馆副研究馆员，主要研究鱼类和海洋生物。

常凌小　昆虫学博士后，北京自然博物馆科普工作者，主要研究伪瓢虫科。

秦爱丽　植物学专业，博士，主要从事野生植物保护生物学研究。

海龟趁着黑夜在
沙滩上产卵。
然后迎着晨曦，
慢慢爬回大海。

海龟为什么要在
晚上产卵呢？

穿着坚硬的盔甲

海龟穿着巨大又坚硬的盔甲在水里飞快地游着。

"看我这流线型的背甲，可以让我游得很快哦！"

坚硬的背甲保护着海龟的身体，

也让它们在海中行动自如。

海龟 海龟的背甲是流线型的，有像桨一样的前肢，所以能在海里快速游动。

"随着居住环境不同，我们的背甲形状也会不太一样。"
海龟的背甲呈扁平状，陆龟的背甲却是鼓起呈圆弧状。
随着年龄的增长，龟甲上的环纹会变多，也会变得更坚硬。

海龟的背甲　为了适应水中的环境，海龟的背甲比陆龟或淡水龟的背甲扁平，更有利于在水中游动。

陆龟的背甲　背甲向上鼓起。陆龟的背甲和腹甲都是又硬又厚重。

和爸爸妈妈一起答

年纪大的龟和年纪轻的龟，谁的背甲环纹比较多？

（答案在第45页）

我就长这个样子

"我有平滑的头部、扁平的背甲，
还有像桨一样的前肢，可以推动海水，
在海里行动自如。"
海龟的身体有哪些特殊的地方呢?

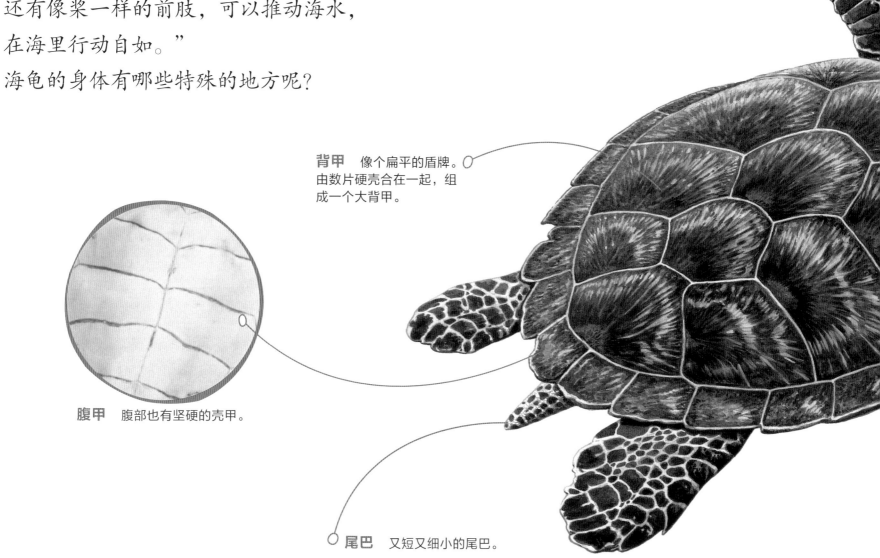

背甲 像个扁平的盾牌。
由数片硬壳合在一起，组
成一个大背甲。

腹甲 腹部也有坚硬的壳甲。

尾巴 又短又细小的尾巴。

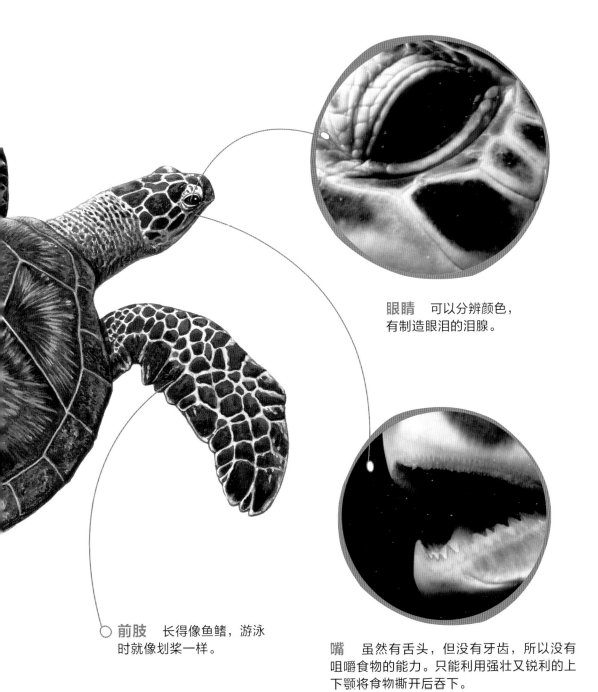

眼睛 可以分辨颜色，有制造眼泪的泪腺。

前肢 长得像鱼鳍，游泳时就像划桨一样。

嘴 虽然有舌头，但没有牙齿，所以没有咀嚼食物的能力。只能利用强壮又锐利的上下颚将食物撕开后吞下。

不一样的四肢

陆龟 四肢粗而有力，没有蹼，有脚趾。

淡水龟 四肢有脚趾，趾间有蹼。

海龟 四肢大而宽，没有脚趾。

慢吞吞地爬

"一、二、一、二，好累哦！"

沙滩上，海龟用长得像桨的前肢慢慢爬。

陆地上，陆龟用短短的四肢一步一步缓慢地走着。

缓慢爬行的海龟　海龟在沙滩上移动时，用桨一样的前肢缓慢爬行。

擅长游泳的海龟 海龟在陆地上爬得很慢，但是在海里可以游得很快。

踏着缓慢步伐的陆龟 1000米的路程，成人大约5分钟能跑完，陆龟爬行大约要3小时。

常识小课堂

海龟在海里怎么呼吸？ 海龟用肺呼吸，所以在水里不能呼吸，必须每隔一段时间浮出水面换气。

食用珊瑚的玳瑁　玳瑁的嘴巴大且坚硬，可以吃掉比较硬的珊瑚或海蟹。

🐢我不挑食

"好多我爱吃的东西哦！"
龟喜欢的食物很多，包括植物和小动物。
它们没有牙齿，不能咀嚼食物，
必须先用嘴撕开食物再吞食。

采食树叶的加拉帕戈斯象龟 生活在加拉帕戈斯群岛的加拉帕戈斯象龟，经常伸长脖子采食树叶。

食用蚯蚓的牟氏龟 蚯蚓没有骨头、很柔软，是龟喜爱的食物。

龟喜欢什么食物呢？ 龟居住的地方不一样，喜欢的食物也不一样。陆龟主要以树叶、果实、花为食；淡水龟主要以淡水里的昆虫、小蟹、鱼，以及陆地上的蚯蚓、蜗牛等为食；海龟则以海中的水母、螃蟹、小鱼等为食。

🐢 找到另一半

雄海龟在雌海龟的周围打转：

"漂亮的小姐，愿意和我结婚吗？"

海龟交配之后，雌海龟就准备产卵了。

海龟的交配 　雄海龟会爬到雌海龟的背上进行交配。海龟和淡水龟大多是在水里交配，陆龟则是在陆地上交配。

挖洞产卵 雌海龟在夜晚时爬上沙滩，在沙滩上挖出幽深的洞穴，在洞穴中一次产下80~150个蛋。

产卵后返回海里 雌海龟产完卵后，会用沙子把洞穴盖起来，之后就不再照顾那些蛋，而是独自返回大海。

常识·小课堂

海龟为什么在夜晚产卵？ 很多动物都在晚上休息，所以海龟在夜晚才可以更安全地产卵，不被打扰或攻击。

小海龟陆续孵化出来，好热闹。

"大家互相帮忙离开这里吧！"

小海龟从洞穴出来，爬向大海。

03 从蛋里孵化出来的小棱皮龟，大概只有成人手掌般大小。

04 棱皮龟宝宝集中在洞口的下方。

小海龟诞生了

海龟妈妈回到海里一段时间后，
在幽暗沙洞里的海龟蛋，表面开始出现裂纹。
没过多久，"啪啦"一声，蛋里面的海龟宝宝
把蛋壳弄破，伸出头来。

01

像乒乓球一样又圆又大的蛋。

02

大约2个月之后，蛋壳开始破裂，小棱皮龟出来了。

独自生活的海龟　海龟在浩瀚的海洋里独自生活。要长大成年，必须历经千辛万苦，因为海里有许多天敌，1000只幼龟中，大约只有一只可以顺利长大。

06

为了躲避天敌，小棱皮龟会在下雨天或夜晚一起离开洞穴。

07

小棱皮龟小心翼翼、吃力地爬向海洋。

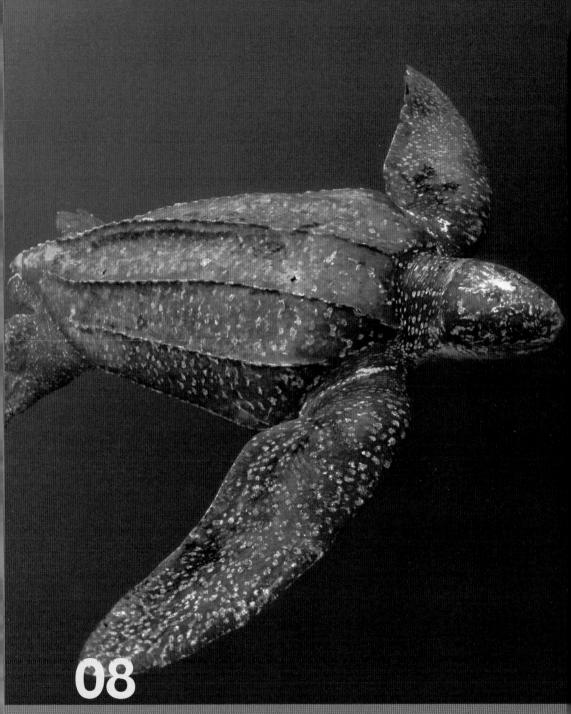

08

来到大海的小棱皮龟，能独自寻找食物，渐渐长大。

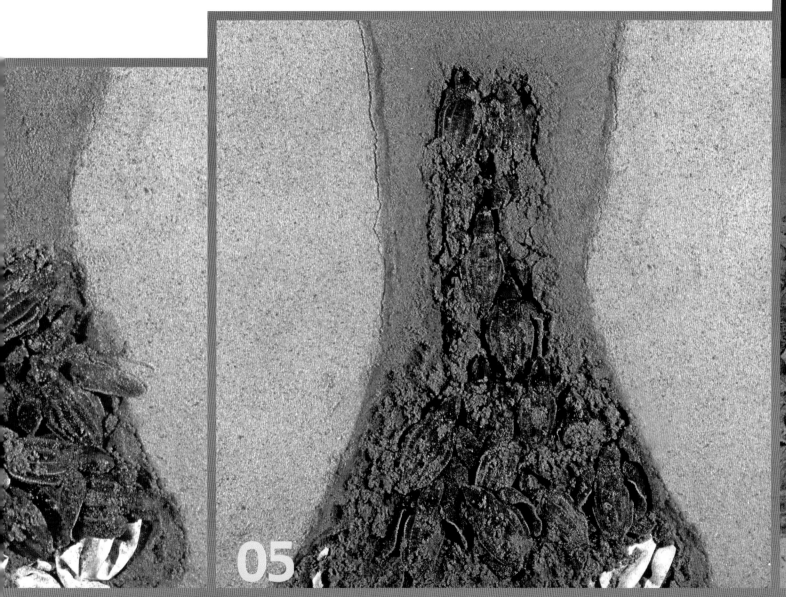

05

大家一起朝洞口前进，准备爬出去。

讨厌热也讨厌冷

海水太冷，阳光又有点热。

不管是海龟、陆龟还是淡水龟，都不能自己调节体温，

在天气太热或太冷时，

就会往凉爽或温暖的地方移动。

在沙滩上做日光浴
如果天气太冷，海龟会到陆地上晒太阳让体温升高，等体温回升后，就会再回到海里。

晒晒太阳 天冷时，生活在池塘、湖泊等水域的淡水龟会到水面上晒太阳，让身体变暖。

加拉帕戈斯象龟在炎热的白天，会找阴凉的地方避暑休息。

被鳄鱼捕食的黄耳龟　　生活在沼泽、池塘、湖泊的淡水龟，主要的天敌是同样生活在这些地方的鳄鱼。

🐢 敌人来了，危险啊！

幼龟的背甲有点软，体型小，无法保护自己。
天上的鸟、海里的蟹和大鱼，都是小海龟的敌人；
有着锐利的牙齿且凶猛的鳄鱼、狮子和豹，
则是小陆龟的敌人。

苍鹭捕猎小海龟　刚破壳而出的小海龟在爬向海洋的时候，随时都有可能被海鸥、苍鹭等水鸟，以及螃蟹等捕食。到了海里，还有像鲨鱼这种大型鱼类也会捕食小海龟。

被小狮子玩弄的豹纹陆龟　小狮子抓住一只豹纹陆龟玩弄着。如果豹纹陆龟的壳还不够硬，那就危险了。

海龟的头和四肢没有办法缩进壳里，万一遇到天敌，
只能快速游走，赶紧躲进岩缝或珊瑚礁里。

藏在岩洞里的海龟 海龟的背甲和腹甲之间没有多余的空间，头、四肢和尾巴不能缩进壳里。不过，它可以快速游走并躲起来。

北美浣熊发现淡水龟　北美浣熊发现一只淡水龟，正在仔细观察。

头脚都缩起来　察觉危险的淡水龟，会把头和四肢都缩进壳里。

和爸爸妈妈一起答

海龟可以把头和四肢缩进壳里吗？

（答案在第45页）

海龟过冬 天气变冷的时候，海龟会游到温暖的海域过冬。

我要冬眠了！

冬天来临，冷风飒飒地吹，
陆龟和淡水龟为了过冬要冬眠了。
它们会一直睡到天气暖和的春天。

赫尔曼陆龟　陆龟会躲在满是落叶的树下或钻进泥土里，把头、四肢都缩起来冬眠。

欧洲池龟　属于淡水龟的欧洲池龟会在湖边或江边冬眠。

常识小课堂

变温动物　自己没办法调节体温，体温会随着环境变化而改变的动物叫作变温动物，除了龟以外，青蛙、蛇、鳄鱼等也都是变温动物。在寒冷的冬天，它们的体温会下降很多，难以生存，所以要找温暖的地方躲起来冬眠。

我们都是一家人

住在海里的海龟、住在陆地的陆龟，
以及住在池塘或河里的淡水龟，
虽然住的地方不一样，长相也不同，
但是都是背着龟甲的一家人。

生活在海里

玳瑁　生活在温暖的热带海域。它的嘴形尖，上颚前端有钩曲，就像老鹰的喙。

棱皮龟　生活在温带和热带海域。背甲长120~150厘米，体重650~800千克，是海龟中体型最大的一种。

生活在陆地

印度星龟 虽然生活在陆地上，但是非常喜欢水。背甲的花纹相当漂亮独特，常被当成宠物饲养。

豹纹陆龟 因为背甲上的花纹和花豹类似，所以称为豹纹陆龟。个性温顺，也常被当成宠物饲养。

扁平陆龟 生活在非洲，背甲和全身都像饼干一样扁平。

生活在淡水水域

鳄龟 头部有像钩子一样的颚骨，颈部和四肢像多角的石头。个性凶猛，但是因为外观独特，也被当成宠物饲养。

枫叶侧颈龟 头部是扁平的三角形，长相独特。大部分龟类的脖子是往后缩进壳内，枫叶侧颈龟却是将脖子往侧边弯进去。

巴西红耳龟 巴西红耳龟常被当作宠物来饲养，它最明显的特征是头部两侧各有一条红色粗条纹。巴西红耳龟对环境适应力很强，如果放到野外，会严重破坏生态环境。

鳖 背甲扁平，而且比较软。现在野生的鳖已经不容易见到了。

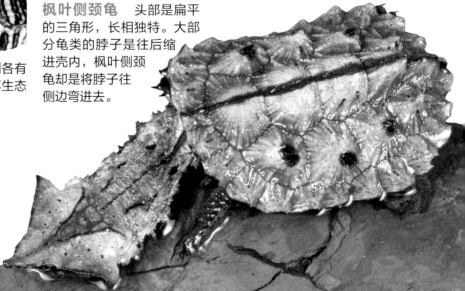

和龟一起玩吧！

龟

属于龟鳖目的爬行动物，杂食性。龟有背甲和腹甲，遇到危险时，大多数种类会将头和四肢缩到龟甲里以保护自身安全，海龟例外。但海龟有像桨的四肢，可以快速游泳。自古以来，东方人认为龟是吉祥的动物，象征长寿和福气。

龟的祖先是谁呢？

亿万年前，龟曾经和恐龙生存在同一时期，在恐龙灭绝之后，龟仍然存活下来，并且一直生存到现在。

最早出现在地球上的龟，和现在的龟差别有多大？它们也有坚硬的背甲吗？

这种原始的爬行类动物，被认为是龟的祖先。

龟的祖先

科学家认为，龟的祖先是生存在古生代末期的水生爬行类。它的背上长满了鳞片，演化到后来，身体变宽、脚趾间有蹼，背上也出现了背甲，而胸腔内的骨骼也成为背甲的一部分。

最早的龟

由于龟类坚硬的背甲和腹甲，容易形成化石保留下来，所以要追溯龟的演化过程，这些化石是最重要的依据。目前发现最早的龟化石，是距今约2.5亿万年前的三叠纪时期，那时恐龙还生存在地球上。当时，龟的背甲还没完全发展好，不能将头、四肢缩进壳里，但背甲表面有许多尖锐的凸起，可以抵挡敌人攻击，而且它和现在的龟最大的差异是口中有牙齿。

科学家推测，中生代三叠纪时期的龟，长相可能是这样。

加拉帕戈斯象龟粗壮的四肢便于在陆地上行走。

随着环境不同而演化的龟甲

曾经称霸地球的恐龙在6500万年前突然灭绝，但龟还是继续生存了下来。原始的龟类都生活在水里，5000万年前有一些种类开始在陆地上生活。

现在不管海洋、森林或沙漠，都有不同的龟分布，它们的背甲和体型，随着环境的差异而有不同。陆龟的背甲又硬又重，四肢强而有力，便于在陆地行走。淡水龟的背甲较圆，可以在沙地或泥地上挖洞钻进去。而为了便于快速游泳，海龟的背甲和腹甲缩小了许多，背甲也变得比较扁平。

来养宠物龟吧！

　　不挑食的宠物是很容易饲养的动物，但还是要费点心思照顾。宠物龟要怎么饲养呢？一起动手帮它们布置一个家吧！

 需要准备的材料

| 空气泵 | 容器 | 扁平的石头 | 软管 | 水生植物 | 小石子 | 滤板 | 饲养箱 |

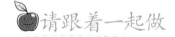 请跟着一起做

用饲养箱养养看吧！

1 先把空气泵和滤板用软管连接起来，再将滤板放入饲养箱。

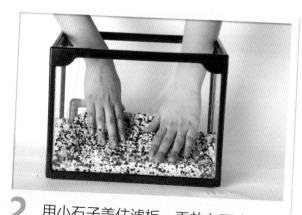

2 用小石子盖住滤板，再放入石头。

3 放入水生植物。

4 注入适量的水，水的高度要让宠物龟可以整个泡在水里。

5 将宠物龟小心放入饲养箱。

6 把饲养箱放在阳光充足的地方。

☆ 饲养宠物龟的注意事项

- 每3天换一次水，保持水质洁净，宠物龟一般不会生病。如果装有空气泵的话，大概一个星期换一次水就可以了。
- 酷夏时，宠物龟有可能因为太热而生病，所以要布置可以让它躲藏的阴凉处。
- 如果宠物龟眼睛睁不开、食欲不振或张嘴喘息，有可能是罹患眼疾或感冒。为了避免传染给饲养箱里的其他动物，必须将生病的宠物龟隔离。如果病情还是没有好转，甚至更严重时，就要尽快带它去动物医院看病。
- 一旦决定饲养就不能随意将龟丢弃到野外，因为很多宠物龟都是进口的品种，在野外可能会影响原有生态环境的平衡。

美术作品里的龟

从古至今，龟以各种形象出现在许多美术作品及生活用品中，包括壁画以及各种雕刻品、装饰品等。让我们一起来看看吧！

屏风画 屏风可以打开或者收起，古代多用来挡风或当成室内的装饰。这件古代的屏风上，绘制了许多龟及其他动物，其中鹤也被东方人视为象征长寿的动物。

龟的图案

东方人认为，龟是长寿的象征，所以在衣饰、屏风等物品上，常见到龟的图案。

布包 丝绸制作的布包，上面绣有龟和鹤。

雕刻作品中的龟

　　龟的形象不仅出现在平面的创作上，也出现在立体的雕塑作品上。在古代，中国人认为龟不仅是长寿的象征，也是可以负山载岳的神兽，所以帝王的墓碑或御赐的石碑下方，有时会雕刻成类似龟的造型，这种似龟形的碑座称为"龟趺"。有趣的是，古代欧洲人也曾经以龟的造型设计艺术品的底座呢！

龟趺　又名霸下，中国古代传说中的神兽。传说龙生九子，其中之一就是霸下。霸下兼具龙和龟的特征，是吉祥和长寿的象征。

角杯　16世纪中叶，欧洲人制作的角杯，杯托底座雕刻的是一只龟的形象。

门闩　古代插置在大门上的门闩，雕刻成龟的造型。

龟有多长寿呢?

不同种类的龟，寿命也不太一样，一般来说，淡水龟的平均寿命约30年，陆龟与海龟则可超过50年。生活在陆地的加拉帕戈斯象龟，甚至有接近200岁的纪录。

海龟可以游多快?

海龟在陆地上的行动很缓慢，但是在海里可以游得很快。同样是移动1000米，在陆地要花超过3小时，但在海里只要3分钟，有的海龟甚至一个小时可以游30千米以上哦!

从背甲可以知道龟的年纪吗?

一般而言，看背甲就可以知道龟的年纪。随着年纪的增长，龟的背甲上会不断长出新甲，就像树木的年轮般，会在外圈多出一圈环纹。但年纪再大一些，背甲上的环纹会渐渐模糊。所以年轻的龟可以从背甲上的环纹多少略知道年纪，但是要知道老年龟的岁数，就比较困难了。

没有背甲的龟可以活吗?

龟的背甲包含了背骨和胸骨，如果背甲受损严重，导致细菌感染就会死亡。若背甲被拿掉也没有办法存活。对它们来说，背甲就像生命一样重要。

海龟产卵时，为什么会流眼泪呢？

海龟进食的时候，经常连海水一起吞下肚，所以身体里累积了很多盐分。当它们爬上岸边产卵时，为了降低身体里的盐分，会从眼睛的泪腺排出咸水，看起来就像在流眼泪。

如何分辨雄龟和雌龟？

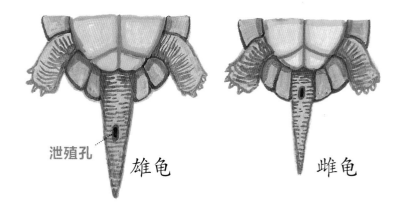

泄殖孔 …… 雄龟　　　雌龟

在成龟中，大多数的雄龟尾巴比雌龟的更粗更长，此外，雌龟的泄殖孔比雄龟的更接近腹甲。泄殖孔是用来排泄和生殖的地方，但因幼龟还没有完全长成，所以还无法从泄殖孔分辨雌雄。

海龟善于潜水吗？

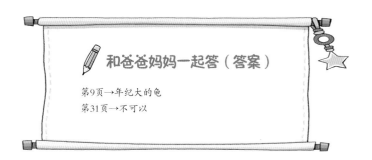

和爸爸妈妈一起答（答案）

第9页→年纪大的龟
第31页→不可以

越往海洋底部潜下去，物体承受的水压就越强。不过，海龟有坚硬的背甲和腹甲，足以抵抗水压，因此大部分海龟可以潜到300米左右的深度，有的种类甚至可以潜到1000~2000米深。

와이드 자연 속으로 1~60 권

Copyright © 2019, Yeowonmediahankookgardner Co.,Ltd.

All Rights Reserved.

This Simplified Chinese editions was published by Beijing Shangpin SunShine Culture Communication

Co.,Ltd. in 2019 by arrangement with Yeowonmediahankookgardner Co.,Ltd. through Arui Agency &

Qintaiyang Cultural Development (BeiJing) Co., Ltd.

版权贸易合同登记号 图字：01-2020-1481

图书在版编目（CIP）数据

真实的大自然. 水中动物. 龟类 / 韩国与元媒体公司著；胡梅丽，马巍译. -- 北京：电子工业出版社，2020.7
ISBN 978-7-121-39184-2

Ⅰ.①真… Ⅱ.①韩… ②胡… ③马… Ⅲ.①自然科学 – 少儿读物 ②龟科 – 少儿读物 Ⅳ.①N49 ②Q959.6-49

中国版本图书馆CIP数据核字(2020)第113591号

责任编辑：苏　琪
印　　刷：北京利丰雅高长城印刷有限公司
装　　订：北京利丰雅高长城印刷有限公司
出版发行：电子工业出版社
　　　　　北京市海淀区万寿路 173 信箱　邮编：100036
开　　本：889×1194　1/16　印张：20.5　字数：310.95 千字
版　　次：2020 年 7 月第 1 版
印　　次：2022 年 3 月第 2 次印刷
定　　价：273.00 元 (全 7 册)

　　凡所购买电子工业出版社图书有缺损问题，请向购买书店调换。若书店售缺，请与本社发行部联系，联系及邮购电话：
(010) 88254888，88258888。

　　质量投诉请发邮件至 zlts@phei.com.cn，盗版侵权举报请发邮件至 dbqq@phei.com.cn。

　　本书咨询联系方式：(010) 88254161 转 1882，suq@phei.com.cn。

真实的大自然
给孩子一座自然博物馆

水中动物

鲸豚

韩国与元媒体公司 / 著　胡梅丽　马巍 / 译　杨静 / 审

电子工业出版社.
Publishing House of Electronics Industry
北京·BEIJING

带孩子走进真实的大自然

——送给孩子一座自然博物馆

大自然本身就是一座气势恢宏、无与伦比的博物馆。自然万象，展示着造物的伟大，彰显着生命的活力。我们在这样的自然奇观面前，心潮澎湃，敬畏不已。为人父母，没有人不愿意尽早地带孩子领略这座博物馆的奥秘和神奇！然而，这又谈何容易？一座博物馆需要绝佳的导游，现在，《真实的大自然》来了！

《真实的大自然》之所以好，至少有以下几方面：

一，真实。市面上，真正全面、真实地反映自然的大型科普读物并不多见。好的科普读物，首先必须建立在严谨的科学知识的基础上。现在，科学素养越来越成为一个人的立身之本。这套书，是多位世界级的生物科学家的"多手联弹"，4000多张高清照片配合着精准有趣的文字描述，重现地球生命的美轮美奂。长颈鹿脖子有多长？鸵鸟有多大？都用 1:1 的比例印了出来！当孩子打开折页，真实的大自然变得伸手可及。

二，诚挚的爱心。大自然并不是一座没有感情的机器，每一种动物，都有自己充满爱心的家庭，每一个小生命毫无例外，都得到了深深的关爱与呵护。这种爱心，甚至遵循着无差别的平等伦理，家庭成员相互之间也是无差别的友爱。比如，大象

宝宝掉到泥池中，它的三个姐姐又是拽又是推，愣是把弟弟救上岸。大象姐姐不幸离世，弟弟还用鼻子摸一摸姐姐，久久不愿离去；离开前，所有大象还用树枝默默地覆盖住尸体加以保护。过了很久它们还会再回来祭奠。这是多么神奇的生命教育课！

三，童趣十足。这套书貌似"硬科普"，但语言亲切、质朴，充满情趣，不急不躁，耐心地从孩子的角度使用了孩子的语言，与孩子产生共鸣。比如："哇！是蚜虫，肚子好饿啊，我要吃了。""你是谁呀？竟然想吃蚜虫！""哎呀！快逃！这里的蚜虫我不吃了。""亲爱的瓢虫小姐，请做我的另一半吧！""嗯，我喜欢你。我可以做你的另一半。"充满童趣的故事和画面贯穿全书始终。

四，画面震撼、生气盎然。每本书都会有一个特别设计的巨幅大拉页，使用一系列连续的镜头把动植物的生命周期完整重现出来。孩子从这些连续的图中，可以感受到大自然中每一个生物叹为观止的生命力。比如，瓢虫成长的 14 幅图加起来竟然有 1.25 米长！

五，精湛的艺术追求。艺术是人类的创造，然而艺术法则的存在在自然界却是普遍的事实。每一个生命中力量的均衡、

结构的和谐、情感的纯朴、形象的变化，都气韵生动地展示出自然世界的艺术性力量。难能可贵的是，主创人员通过语言描述和视觉呈现，将这种艺术性逼真地表达了出来，激荡人心。

六，最让人感念的是无处不在的教育思维。虽然书中有海量的图片，但是仔细研究发现，没有一张图是多余的，每张图都在传递着一个重要的知识点。摄影师严格根据科学家们的要求去完成每一张图片的拍摄，并不是对自然的简单呈现，而是处处体现着逻辑严谨、匠心独具的教学逻辑。对每种生物都从出生、摄食、成长、防卫、求偶、生养、死亡、同类等多个维度勾勒完整的生命循环，呈现生物之间完整的生态链条。主创团队是下了很大

的决心，要用一堂堂精美的阅读课，召唤孩子的好奇心和爱心，打好完整的生命底色，用心可谓良苦。

跟随这套书，尽享科学之旅、发现之旅、爱心之旅、审美之旅，打开页面，走进去，有太多你想象不到的地方，让已为人父母的你也兴奋不已。我仿佛可以看到，一个个其乐融融地观察和学习生物家庭的人类小家庭，更加为人类文明的伟大和浩荡而惊奇和感动！

让我们一起走进《真实的大自然》！

李岩
第二书房创始人 知名阅读推广人

审校专家

张劲硕 科普作家，中国科学院动物研究所高级工程师，国家动物博物馆科普策划人，中国动物学会科普委员会委员，中国科普作家协会理事，蝙蝠专家组成员。

高　源 北京自然博物馆副研究馆员，科普工作者，北京市十佳讲解员，自然资源部"五四青年"奖章获得者，主要从事地质古生物与博物馆教育的研究与传播工作。

杨　静 北京自然博物馆副研究馆员，主要研究鱼类和海洋生物。

常凌小 昆虫学博士后，北京自然博物馆科普工作者，主要研究伪瓢虫科。

秦爱丽 植物学专业，博士，主要从事野生植物保护生物学研究。

在宽广的蓝色海
洋中，鲸鱼家族
集体出游了。
"哗啦！"
水面上突然喷出
水柱，就像又高
又大的喷泉。
鲸鱼为什么会喷
出水柱呢？

"噗噗"喷水

"好闷啊！"为了呼吸，鲸鱼会浮到水面上。

只要它一呼出气，背上就会出现巨大的喷水柱。

鲸鱼生活在水中，但时不时会像这样浮到水面呼吸。

两道分开的水柱 有一个气孔（鼻孔）的鲸鱼会喷出一道水柱；有两个气孔的鲸鱼就会喷出两道水柱。

鲸鱼的喷水柱 鲸鱼呼吸的时候，呼出的空气碰到冰冷的海水会变成水滴，再加上周围的水，看起来就像喷泉一样。实际上它们是喷气，不是喷水哦！

海豚也是鲸鱼家族的一员哦！

鲸鱼和海豚都属于鲸类，

它们都是游泳高手，都可以在水里长时间憋气。

成群游泳的海豚　海豚会跳出水面，这样可以一边游泳一边呼吸。海豚跳得高高的，不只是单纯好玩而已，也是为了引起注意。

浮出水面的抹香鲸 抹香鲸的气孔在头部前方的末端。为了顺利呼吸，靠近水面时它会先把头伸出水面。

在海里潜水的抹香鲸 所有鲸鱼中，抹香鲸在海里潜得最久最深。它一次可以在水里潜一个小时左右。要深潜的时候，抹香鲸会将尾鳍高高举起再进入水里。

我就长这个样子

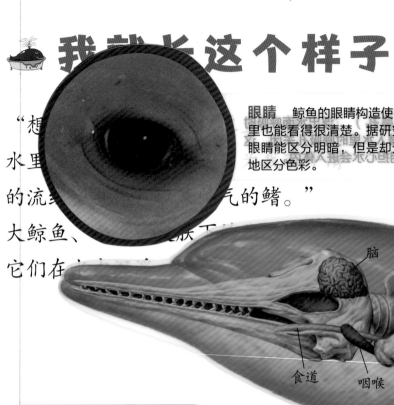

"想……
水里……
的流……气的鳍。"
大鲸鱼、……
它们在……

眼睛 鲸鱼的眼睛构造使得它在水里也能看得很清楚。据研究，它的眼睛能区分明暗，但是却无法很好地区分色彩。

脑　　心脏　　肺

食道　咽喉

胃　　肾脏

肝　肠

肛门

拍动，可以

鲸鱼的气孔（鼻孔）

保护内耳的骨头

耳朵 尽管鲸鱼听力很好，但是它的外耳已经退化，有些种类鲸鱼只剩下一个小孔，有些甚至连小孔都没有了。鲸鱼能发出人们听不到的超声波，部分种类鲸鱼是用下颌骨来感知和收听声音的。

领航鲸 齿鲸类，有一个新月形的气孔。

小须鲸 须鲸类，有两个气孔，成八字形。

常识小课堂

指的是物体前端是卵圆形的，从中间越到后面越细。鲸鱼具有流线型的体型，所以在水里可以游得很快。汽车和飞机利用这种原理，都制成流线型的外形。

10

背鳍 游泳的时候维持身体的平衡。

颈椎 控制头部运动的幅度。

牙齿 有些鲸鱼有牙齿，但也有一些种类，比如须鲸是没有牙齿的。

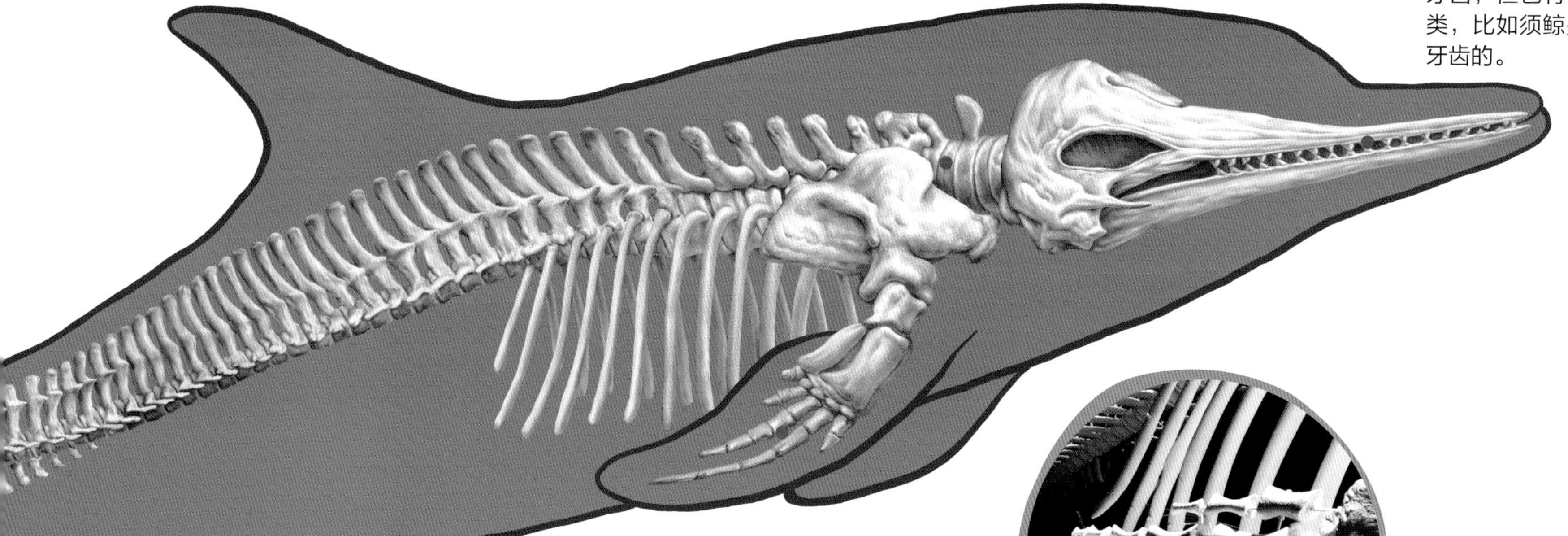

胸鳍骨 跟陆地上哺乳动物前肢骨骼的结构一样。

皮肤 没有毛发和鳞片，非常光滑，有弹性。皮肤下有厚厚的脂肪层，让鲸鱼在水里能保持温暖，在寒冷的地方也可以生存。

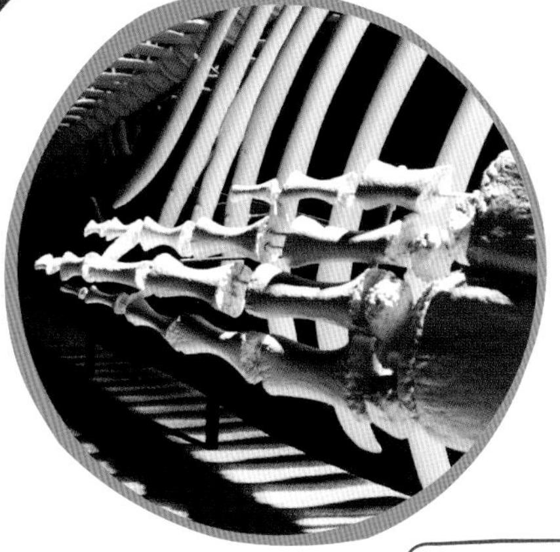

和爸爸妈妈一起答

鲸类的胸鳍骨是从什么演变来的？

（答案在第45页）

狼吞虎咽地吃东西

"啊，真好吃。"

齿鲸的牙齿很强壮，可以吃鱼、虾和乌贼，
大型的齿鲸类也吃海狗、海豹，甚至吃其他种类的鲸鱼！

捕鱼的海豚 海豚用坚硬的牙齿来捕鱼，抓到猎物后会直接吞食。

正在猎捕章鱼的海豚 海豚喜欢吃章鱼、乌贼，但它不是每次猎食都会成功，有时候章鱼或乌贼会喷墨汁逃走。

攻击小海狮的虎鲸 虎鲸什么都吃，小到乌贼、小鱼，大到体型非常庞大的鲸鱼，它都不挑剔。

和爸爸妈妈一起答

不管是小鱼、乌贼还是海狮，哪种鲸鱼最不挑食呢？

（答案在第45页）

也有鲸鱼不是用牙齿，而是用鲸须过滤食物来进食。

"我没有牙齿，我用嘴巴里长长的鲸须过滤食物吃。"

用气泡捕猎的座头鲸　座头鲸又称大翅鲸，它会用独特的方法猎食。几头座头鲸接近鱼群，在鱼群周围用气孔喷出气泡，形成环状的"气泡网"。猎物都被围进其中，座头鲸只需要张开嘴巴大快朵颐就行了。

用鲸须过滤食物的长须鲸 长须鲸吃东西的时候，会先张开嘴巴，让水和食物流进嘴巴里。之后把嘴巴闭上，再把水排出，这时猎物会卡在鲸须上留下来，像小鱼、南极虾、浮游生物等就被吃掉了。

常识·小课堂

南极虾 身长大约六厘米，刚好在夏天时长大，是生活在南极海域的鲸鱼、鱼类、乌贼等动物的食物。

游向温暖的海洋

"冬天来临时，我为了生育，要游向温暖的海洋。在那之前我一定要吃饱。"

鲸鱼为了寻找食物、生养幼鲸，常常到处迁移。

大部分的鲸鱼在一定的范围活动，但是有些鲸鱼会远行。

极地海域的虎鲸　极地海洋有许多鲸鱼爱吃的食物。因为生产及养育幼鲸会花很多力气，所以鲸鱼在生产前六个月，吃下的食物分量是平常的1.5倍。

为了找寻温暖海域而迁徙的蓝鲸 幼鲸的脂肪层较薄没有办法忍受极地的冰水，所以蓝鲸、座头鲸等鲸鱼为了生育幼鲸，会迁徙至温暖的海域。等到春天来临时，才会再回到食物丰富的极地海域。

把头伸出水面的灰鲸 鲸鱼在移动的时候会不时将头伸出水面。

和爸爸妈妈一起答

在极地生活的蓝鲸，为了生育幼鲸会向哪里迁移呢？

（答案在第45页）

🐋 我的另一半在哪里？

"我的另一半在哪里呢？请接受我的爱吧！"
来到温暖海域的雄鲸鱼会通过"唱歌"寻找雌鲸鱼。
雌鲸鱼被雄鲸鱼的歌声吸引后，会靠近雄鲸鱼并且与它交配。

为了雌鲸而打架的独角鲸　同时出现很多雄鲸鱼时，它们会为了夺得雌鲸鱼而发生激烈的打斗。

转圈的雌虎鲸和雄虎鲸　在交配前，雌虎鲸和雄虎鲸会在水中转圈，并用胸鳍互相扰摸，还会跃出水面。

交配中的海豚 雄海豚将生殖器放到雌海豚的身体里，然后喷出精液。精液里的精子遇到雌海豚身体里的卵子，完成受精。

嗯！小鲸鱼喝妈妈的奶水长大了。

它还从妈妈那里学到了游泳和猎食的方法。

小鲸鱼长大后，成了又会游泳又帅气的成年鲸鱼。

03

刚出生的小鲸鱼不懂呼吸的方法，也不知道游泳的方式，就会往下沉。

04

鲸鱼妈妈必须迅速地把小鲸鱼推到水面上，帮助它呼吸。

🐳 小鲸鱼长大了

交配完成后，雌鲸鱼的肚子里就有了小宝宝。

"孩子啊，要健健康康，顺利出生哦！"

妊娠期满后，可爱的小鲸鱼就从妈妈鼓鼓的肚子里生出来了。

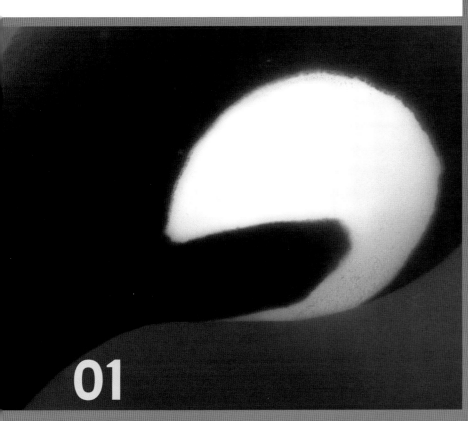

01

鲸鱼妈妈的肚子变得鼓鼓的。鲸鱼的妊娠期是10~16个月，在这段时间鲸鱼妈妈会比平常吃更多的食物。

02

鲸鱼妈妈生下小鲸鱼。当小鲸鱼身体都露出来时，鲸鱼妈妈会快速地摇动身体，把脐带弄断。

跃出水面的虎鲸 虎鲸会2~40只成群生活。成年的雌虎鲸平均5~6年生一只幼虎鲸。

06

小鲸鱼不论到哪里，都会紧紧跟着妈妈，也由此学到了游泳的方法和生活的技能。

07

小鲸鱼在成长过程中，会接受群体里多头雌鲸鱼的照顾。小虎鲸会跟着妈妈生活15年。

08

小鲸鱼开始猎食后会快速长大，直到和妈妈的体型一样大。虎鲸出生时大概是180千克，长大后体重接近1吨。

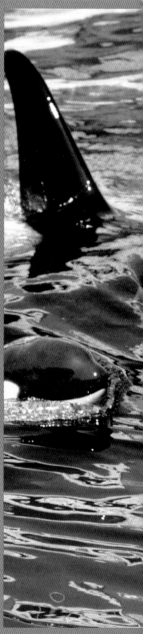

05

小鲸鱼学会呼吸后，会开始找妈妈的乳头喝奶水。妈妈的奶水很有
营养，能让小鲸鱼快快长大。

我不是鱼

幼鲸的肚脐就是和妈妈连在一起的脐带痕迹，
那是鲸鱼宝宝从妈妈肚子里生出来的证据。
虽然鲸鱼长得像鱼，但它们是哺乳动物。

鲸鱼的肚脐 我们可以在鲸鱼肚子上看到它们的肚脐。鲸鱼不是从卵里孵出来的，它是从妈妈肚子里生出来的，肚脐就是证据哦！

游泳中的座头鲸妈妈和座头鲸宝宝 雌鲸为了防范敌人的攻击，在水里游泳时，会把幼鲸置于腹部下方以便保护。

和爸爸妈妈一起答

将幼仔由肚子生出来，并以母乳喂养的动物叫什么？

（答案在第45页）

和朋友一起行动

"我喜欢和朋友聚在一起生活。"
大部分鲸鱼会组成群体，一起生活，
互相帮助，一同照顾小孩。
这种团结的精神，对猎食也有帮助。

成群的白鲸 晚上休息的时候，成年鲸会将幼鲸团团围住，以保护幼鲸不受到鲨鱼攻击。如果有成员不幸受伤，它们会将伤者推到水面以方便它呼吸，并细心照料。

成群结队猎食鱼群的海豚 它们会盘踞在猎物的中间，以画圈的方式绕行，并用力摆动尾巴，以驱赶鱼群。

所有鲸鱼都是群体生活的吗?

大部分鲸鱼过着群体生活，少部分单独生活。但即使是单独生活的鲸鱼，在养育幼鲸时也会过着群体生活。鲸鱼组成的群体，数量从几头到几百头不等。

叽里咕噜和朋友说话

"嘿，朋友啊，一起玩吧。"鲸鱼用高亢悠长的声音呼唤朋友。

高高跳向空中再落入水里时，发出拍打海水的巨大声音。

鲸鱼听觉很敏锐，这些声音能把距离很远的朋友召唤过来。

用声音沟通的海豚　海豚会利用声音和朋友沟通，也会利用声音来探路或是寻找猎物。

用身体撞击海水发出声音的座头鲸 鲸鱼会高高跳向空中，再落入水里，用身体撞击海水发出声音。这样的行为是为了告知远方的鲸鱼和水里的动物："嘿，我在这里。"

常识·小·课堂

鲸鱼如何用声音知道周围的状况？ 鲸鱼发出高频率的超声波，而超声波在碰到物体的时候会反射。鲸鱼接收反射回来的超声波，可以知道物体的距离及大小。

我们都是鲸类家族的成员

"我是海豚，像我一样有牙齿的鲸鱼叫作齿鲸。"

"我是蓝鲸，像我一样有鲸须的鲸鱼叫作须鲸。"

鲸鱼可分为齿鲸和须鲸两类。

跳得很高的海豚　海豚高兴时会跳得高高的。它们很聪明，相当于三岁小孩的智商。

浮到水面上呼吸的白鲸 在北极海域洄游的白鲸，以乌贼、鲑鱼、鲱鱼为食，不时会浮到水面上呼吸。

在吃黏附在海藻上的食物 灰鲸会找海底或是海藻上的虾、鱼卵、蟹、海参等来吃。

"如果世界上还有其他动物比我更大，叫它来跟我比一下"。

蓝鲸神气地说着。

让我们来看看，这些鲸鱼有多大。

蓝鲸（24~33米） 地球生物中体型最大的动物，全身散布着像用鹅毛画出的白色花纹。

露脊鲸（17~18米） 全身黑色，有些露脊鲸的腹部有白色斑点。没有背鳍，头部常有藤壶，鲸须粘于其上。

北极鲸（15~18米） 由于头部呈现巨大的弓形，因此也有人称它为弓头鲸，是鲸须最长的鲸。它皮肤的脂肪层非常厚，在极地也很耐寒。

座头鲸（11~16米） 在背和肋骨处有很多白色的纹路。它的背鳍小，低且厚，像一个背部的凸起。胸鳍非常长。

灰鲸（13~16米） 身体颜色黑中带蓝，没有背鳍。身体常粘有藤壶等物体，也有很多藤壶掉落后留下的圆形痕迹。

小须鲸（6~8米） 身体细长，嘴尖。背部黑色，腹部白色。

0 (m)

抹香鲸（15～18米） 齿鲸中体型最大的种类。潜水能力卓越，可以潜到3200米深的地方寻找食物。

贝氏喙鲸（11～13米） 身体细而长，头部有明显的球状隆起，嘴巴长，末端还会弯曲上翘。

虎鲸（6～10米） 鲸鱼中最凶狠的一类。背部黑色，腹部白色，眼睛周围也有白色的斑纹。

领航鲸（5～6米） 头圆而大，胸鳍为飞镖形状。

独角鲸（4～5米） 主要生活在北极海域，上颌有一颗牙齿会长到2米左右的长度。

白鲸（3～5米） 主要生活在北极海域，全身白色，没有背鳍。头圆而小，嘴短，额头圆而突出。

宽吻海豚（3～4米） 嘴长，模样像瓶子，因此也被称作瓶鼻海豚。个性活泼，容易训练，在海洋公园中常常可以看到它们的身影。

真海豚（1.7～2.3米） 在神话或画作中常常提到的海豚。身体颜色呈靛蓝带黑，腹部白色，额头与嘴之间有深的黑带。

江豚（1.5～2米） 头部钝圆，吻部不向前突出，通常10条左右聚集在一起生活，有时会逆江而上。

世界上体型最大的动物是什么？
（答案在第45页）

和爸爸妈妈一起答

5 10 15 20 25 30 33 (m)

其他生活在水里的哺乳动物

海狮、海豹、海狗、海象、海牛，
跟鲸鱼一样，都是在水里生活的哺乳动物。
但它们晒太阳、生产时会到陆地上来。

海牛的尾巴
像饭勺

海狮 海狮妈妈正在舔刚出生的小海狮。许多生活在水里的哺乳动物，会在陆地上生产。

海豹 小海豹正在吃妈妈的奶。海豹有鳍，也是游泳高手。它们比较胖，在陆地上行动比较辛苦。

海牛 前肢像鳍，没有后肢，尾鳍像饭勺。海牛的鳍有关节，且可以弯曲哦！海牛抱着幼崽看起来就像人类抱小孩一样，所以它被误认为是"人鱼"。

和鲸鱼一起玩吧！

鲸鱼

小海豚和大鲸鱼都属于同一个大家族，如果依照体型来分，一般身长在四五米以上的就叫鲸鱼，比这小的就叫作海豚。鲸鱼虽然在水里生活，包括在水中生产、喂奶等，不过，它是用肺呼吸的哦，还是需要游到水面上用气孔换气。

鲸鱼的祖先为什么要离开陆地去海里呢？

大部分哺乳动物都在陆地上生活，鲸鱼虽然也是哺乳动物，但它却在水里生活、生产。在很久很久以前，鲸鱼的祖先是在陆地上生活的。你想知道，它们为什么后来去海里生活吗？

罗德侯鲸 大部分时间在水里生活。不过，它还可以在陆地上行走。

巴基鲸 是鲸鱼的祖先，和狼很像，会在海边抓鱼，也吃其他动物。

游走鲸 主要在陆地上生活，但是前肢长了蹼，因此可以在水里游泳。

40

在远古时候，鲸鱼的祖先就像狮子或老虎一样，在陆地上生活。它们为了猎食而跑到水里，渐渐模样就改变了，也慢慢适应了水里的生活。在水里生活一阵子之后，鲸鱼的祖先进入到更深的海里，这里食物多，而且没有太多敌人，生活很安稳。为适应海洋生活，鲸鱼身体的形态也随之改变，前肢变成了胸鳍，后肢因为没有作用就慢慢退化了，现在只留下痕迹。毛发没了，皮肤变光滑了，皮肤底下的脂肪层更发达了，这些改变让鲸鱼可以长期待在冰冷的海水里。

古蜥鲸 细如长蛇一般，还剩下小小的后肢。

矛齿鲸 大型的原始鲸鱼，身体长而呈流线型，后肢已经消失。

41

艺术品里的鲸鱼什么样子？

鲸鱼体型庞大，性格活泼，它们也很喜欢亲近人类！在神话故事和美术作品中，都可以看到鲸鱼的身影。一起来看看，艺术作品里，鲸鱼是什么模样！

克诺索斯王宫内的海豚壁画

克诺索斯王宫位于希腊的克里特岛上，这里可以说是古希腊文化的发源地。克诺索斯王宫内有许多装饰用的壁画，内容多半以大自然为主，例如海浪、海草、章鱼、海豚等。海豚壁画位于皇后厅，大约绘制于公元前1600年左右。古希腊人喜欢海豚，认为海豚会带来幸运。

这幅海豚壁画位于皇后厅北面的墙上，生动活泼的画风让壁画栩栩如生。仔细看，你还能发现海星和海胆哦！

拉斐尔的《加拉提亚的凯旋》

　　拉斐尔是文艺复兴时期意大利的著名画家，他的画作多以宗教或古代神话为主题。主要的作品有《圣母与圣子》《美丽的女园丁》《雅典学院》《三美神》等。

　　《加拉提亚的凯旋》描述的是海中女神——加拉提亚在战争中获得胜利，回来时妖精们欢欣鼓舞的情景。画作中可以看到女神所搭乘的贝壳马车，是由两条海豚拉着的。

这是拉斐尔为某位银行家所画的壁画。这幅画充满立体感，让人感到女神加拉提亚所乘坐的车就要破画而出。

生活用品里的鲸鱼

　　鲸鱼与人类的生活有着紧密的关系。不只是雕刻作品，我们也可以在平常使用的铜钱、瓷器、盘子、茶壶等生活用品中发现它们的踪迹。

酒杯底座　酒杯底座的图案和鲸鱼有关。图案描述了希腊神话中的酒神——狄俄尼索斯正坐在船上，船周围有海豚在游泳。

用鲸鱼牙齿创作的雕刻品　先在鲸鱼牙齿上作画，再用煤炭染色。

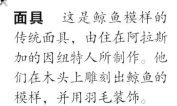

面具　这是鲸鱼模样的传统面具，由住在阿拉斯加的因纽特人所制作。他们在木头上雕刻出鲸鱼的模样，并用羽毛装饰。

最会唱不同歌曲的鲸鱼是谁呢?

最会唱又长又不一样歌曲的是座头鲸,其中又以座头鲸在交配前所唱的歌最有名。它们可以两个小时不休息,持续发出各种声音,例如小牛的叫声、狼哭嚎的声音,还有非常悲哀的喇叭声音等。座头鲸的声音非常宏亮,有时甚至宏亮到能让旁边的鱼儿们都昏倒了呢!

视力最差的鲸鱼是谁呢?

视力最差的鲸鱼就是在河川里生活的江豚。河川比海水浑浊,江豚世世代代生活在浑浊的江水中,视力就退化了。不过它们已经适应浑浊的环境,用超声波来探测周围的物体。人类为了生产电力、取得生活用水而兴建水坝,让江豚的生活范围逐渐缩小,加上航行的船只、人类的噪声,都妨害了江豚的生活,使得江豚面临绝种的危机。

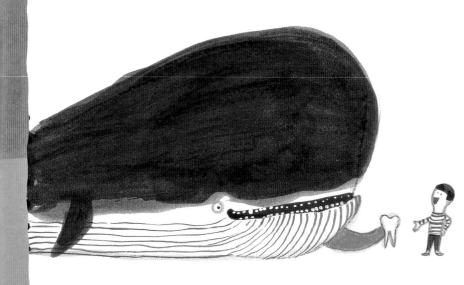

如何知道鲸鱼的年纪呢?

齿鲸类的牙齿跟树一样会有环纹,每年随着季节、水温的改变,都会出现新的纹路,根据环纹的数目就可以得知它的年纪。除此之外,我们更常利用须鲸耳内的耳石栓来获知它的年纪。从耳石栓中,可以发现亮层与暗层的交替。夏天食物多,吃得也多,因此耳石栓累积了较多脂肪,形成亮色层。反之,冬天食物少,耳石栓所累积的脂肪也少,就形成了暗色层。因种类不同,耳石栓的大小也不一样,人们曾发现过长20厘米、半径5厘米大的耳石栓哦!

鲸鱼可以活多久呢？

鲸鱼的寿命和人类相似，在哺乳动物中算活得比较长的。大致来说，须鲸身体越大寿命越长。体型最大的蓝鲸，最久能活超过100岁；体型小的小须鲸，大概能活50岁左右。齿鲸中，体型最大的抹香鲸可以活65~77岁；体型小的海豚，也有15~20岁的寿命。

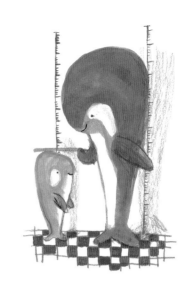

鲸鱼也会睡觉吗？

鲸鱼一天平均睡8个小时，但它们睡得不深。鲸鱼的大脑分为两大部分，并且是相对独立活动的。鲸鱼在睡眠期间，大脑有一半在休息，另一半则醒着继续运作，让身体维持游泳的姿势。这样，即便在睡梦中，鲸鱼们也会到水面上换气，不会停止呼吸。

鲸鱼也会有蛀牙吗？

人类有蛀牙，是因为食物残渣塞在牙缝间。鲸鱼就算有牙齿，但它也不会咬食物，而是直接吞食，所以齿缝间并不会留有食物残渣。那么鲸鱼还会蛀牙吗？答案是会的。根据研究发现，某些齿鲸还是会有蛀牙。检查鲸鱼的牙齿，可以看见牙齿内侧有黑色受损的痕迹，这就是蛀牙。但是，目前我们还无法确切知道鲸鱼蛀牙形成的原因。

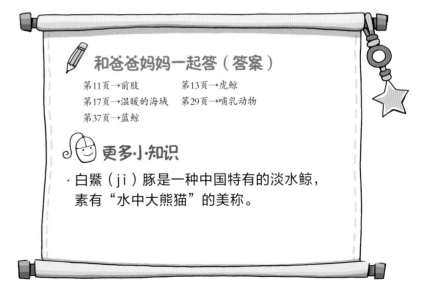

✏️ 和爸爸妈妈一起答（答案）

第11页→前肢　　　第13页→虎鲸

第17页→温暖的海域　　第29页→哺乳动物

第37页→蓝鲸

😊 更多小知识

· 白鱀（jì）豚是一种中国特有的淡水鲸，素有"水中大熊猫"的美称。

版权贸易合同登记号 图字：01-2020-1481

图书在版编目（CIP）数据

真实的大自然. 水中动物. 鲸豚 / 韩国与元媒体公司著；胡梅丽，马巍译. -- 北京：电子工业出版社，2020.7
ISBN 978-7-121-39184-2

Ⅰ. ①真… Ⅱ. ①韩… ②胡… ③马… Ⅲ. ①自然科学 – 少儿读物 ②鲸 – 少儿读物③海豚 – 少儿读物 Ⅳ.①N49 ②Q959.841-49

中国版本图书馆CIP数据核字(2020)第113589号

责任编辑：苏　琪
印　　刷：北京利丰雅高长城印刷有限公司
装　　订：北京利丰雅高长城印刷有限公司
出版发行：电子工业出版社
　　　　　北京市海淀区万寿路 173 信箱　邮编：100036
开　　本：889×1194　1/16　印张：20.5　字数：310.95 千字
版　　次：2020 年 7 月第 1 版
印　　次：2022 年 3 月第 2 次印刷
定　　价：273.00 元（全 7 册）

凡所购买电子工业出版社图书有缺损问题，请向购买书店调换。若书店售缺，请与本社发行部联系，联系及邮购电话：
（010）88254888，88258888。

质量投诉请发邮件至 zlts@phei.com.cn，盗版侵权举报请发邮件至 dbqq@phei.com.cn。

本书咨询联系方式：（010）88254161 转 1882，suq@phei.com.cn。

真实的大自然

给孩子一座自然博物馆

水中动物

珊瑚

韩国与元媒体公司 / 著　胡梅丽 马巍 / 译　杨静 / 审

电子工业出版社

Publishing House of Electronics Industry

北京·BEIJING

带孩子走进真实的大自然

——送给孩子一座自然博物馆

大自然本身就是一座气势恢宏、无与伦比的博物馆。自然万象，展示着造物的伟大，彰显着生命的活力。我们在这样的自然奇观面前，心潮澎湃，敬畏不已。为人父母，没有人不愿意尽早地带孩子领略这座博物馆的奥秘和神奇！然而，这又谈何容易？一座博物馆需要绝佳的导游，现在，《真实的大自然》来了！

《真实的大自然》之所以好，至少有以下几方面：

一，真实。市面上，真正全面、真实地反映自然的大型科普读物并不多见。好的科普读物，首先必须建立在严谨的科学知识的基础上。现在，科学素养越来越成为一个人的立身之本。这套书，是多位世界级的生物科学家的"多手联弹"，4000多张高清照片配合着精准有趣的文字描述，重现地球生命的美轮美奂。长颈鹿脖子有多长？鸵鸟有多大？都用 1:1 的比例印了出来！当孩子打开折页，真实的大自然变得伸手可及。

二，诚挚的爱心。大自然并不是一座没有感情的机器，每一种动物，都有自己充满爱心的家庭，每一个小生命毫无例外，都得到了深深的关爱与呵护。这种爱心，甚至遵循着无差别的平等伦理，家庭成员相互之间也是无差别的友爱。比如，大象

宝宝掉到泥池中，它的三个姐姐又是拽又是推，愣是把弟弟救上岸。大象姐姐不幸离世，弟弟还用鼻子摸一摸姐姐，久久不愿离去；离开前，所有大象还用树枝默默地覆盖住尸体加以保护。过了很久它们还会再回来祭奠。这是多么神奇的生命教育课！

三，童趣十足。这套书貌似"硬科普"，但语言亲切、质朴，充满情趣，不急不躁，耐心地从孩子的角度使用了孩子的语言，与孩子产生共鸣。比如："哇！是蚜虫，肚子好饿啊，我要吃了。""你是谁呀？竟然想吃蚜虫！""哎呀！快逃！这里的蚜虫我不吃了。""亲爱的瓢虫小姐，请做我的另一半吧！""嗯，我喜欢你。我可以做你的另一半。"充满童趣的故事和画面贯穿全书始终。

四，画面震撼、生气盎然。每本书都会有一个特别设计的巨幅大拉页，使用一系列连续的镜头把动植物的生命周期完整重现出来。孩子从这些连续的图中，可以感受到大自然中每一个生物叹为观止的生命力。比如，瓢虫成长的 14 幅图加起来竟然有 1.25 米长！

五，精湛的艺术追求。艺术是人类的创造，然而艺术法则的存在在自然界却是普遍的事实。每一个生命中力量的均衡、

结构的和谐、情感的纯朴、形象的变化，都气韵生动地展示出自然世界的艺术性力量。难能可贵的是，主创人员通过语言描述和视觉呈现，将这种艺术性逼真地表达了出来，激荡人心。

六，最让人感念的是无处不在的教育思维。虽然书中有海量的图片，但是仔细研究发现，没有一张图是多余的，每张图都在传递着一个重要的知识点。摄影师严格根据科学家们的要求去完成每一张图片的拍摄，并不是对自然的简单呈现，而是处处体现着逻辑严谨、匠心独具的教学逻辑。对每种生物都从出生、摄食、成长、防卫、求偶、生养、死亡、同类等多个维度勾勒完整的生命循环，呈现生物之间完整的生态链条。主创团队是下了很大的决心，要用一堂堂精美的阅读课，召唤孩子的好奇心和爱心，打好完整的生命底色，用心可谓良苦。

跟随这套书，尽享科学之旅、发现之旅、爱心之旅、审美之旅，打开页面，走进去，有太多你想象不到的地方，让已为人父母的你也兴奋不已。我仿佛可以看到，一个个其乐融融地观察和学习生物家庭的人类小家庭，更加为人类文明的伟大和浩荡而惊奇和感动！

让我们一起走进《真实的大自然》！

李岩

第二书房创始人 知名阅读推广人

审校专家

张劲硕 科普作家，中国科学院动物研究所高级工程师，国家动物博物馆科普策划人，中国动物学会科普委员会委员，中国科普作家协会理事，蝙蝠专家组成员。

高　源 北京自然博物馆副研究馆员，科普工作者，北京市十佳讲解员，自然资源部"五四青年"奖章获得者，主要从事地质古生物与博物馆教育的研究与传播工作。

杨　静 北京自然博物馆副研究馆员，主要研究鱼类和海洋生物。

常凌小 昆虫学博士后，北京自然博物馆科普工作者，主要研究伪瓢虫科。

秦爱丽 植物学专业，博士，主要从事野生植物保护生物学研究。

大海底下就像个花园，有各种形态的珊瑚。偷偷伸手一摸，珊瑚居然动了！

看起来像是植物的珊瑚，怎么会动呢？

是植物还是动物？

有的珊瑚看起来像树枝，

有的珊瑚看起来像朵花，

珊瑚紧紧固着在石头上，真的很像植物。

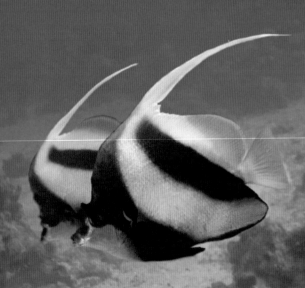

各式各样的珊瑚　珊瑚有各种颜色，是因为它的身体里有共生藻。
共生藻含有多种不同的色素，所以珊瑚会有不同的颜色。

珊瑚随着水流摇摇摆摆地动起来。
"肚子饿了，抓点东西来吃吧！"
珊瑚看起来像植物，
其实是能自己捕食的动物。

和爸爸妈妈一起答

珊瑚靠什么部位来猎食呢？

（答案在第45页）

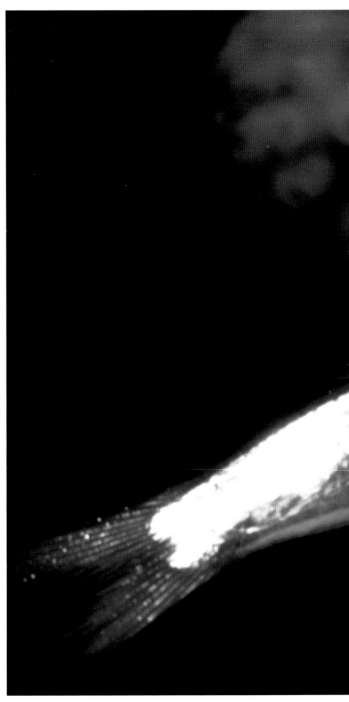

像花朵一样 当珊瑚展开触手时，看起来就像花朵正在绽放。

捕食 当猎物一靠近，珊瑚伸出触手把猎物毒死后，再将猎物放进口中，并在胃腔中消化吸收。珊瑚没有肛门，不能消化的食物会从口中再吐出。

我就长这个样子

"我身体内部就是个大空腔，口在身体的上方，周围有好多触手。"
珊瑚喜欢聚集在一起，
它们的身体下方彼此相连。

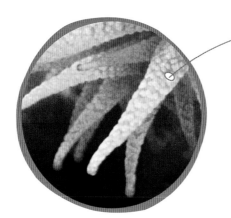

触手 触手内有刺丝胞，具有刺丝和毒液。

和爸爸妈妈一起答

把珊瑚结合成群体的是什么动物？

（答案在第45页）

珊瑚虫 珊瑚虫是珊瑚最小的生命单位。一个个珊瑚虫结合成珊瑚群体，一般我们说的珊瑚是指珊瑚群体。珊瑚虫也可以像海葵一样独立生活。

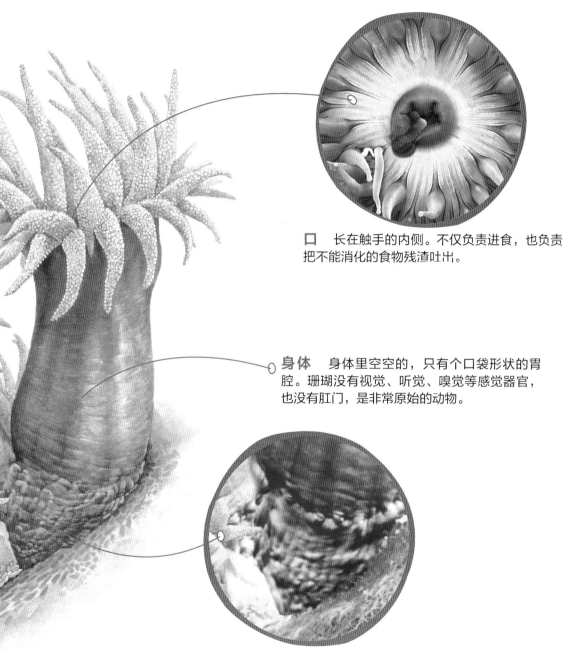

口　长在触手的内侧。不仅负责进食，也负责把不能消化的食物残渣吐出。

身体　身体里空空的，只有个口袋形状的胃腔。珊瑚没有视觉、听觉、嗅觉等感觉器官，也没有肛门，是非常原始的动物。

骨骼　骨骼的基本成分是碳酸钙，负责支撑身体。

珊瑚虫

群体生活　一个珊瑚虫捉到猎物，消化吸收后，会与其他珊瑚虫分享养分。

缩紧触手　为了躲避鱼类的攻击，珊瑚虫有时会把触手缩起来，保护自己。

我们有各式各样的外形

"我长得像树枝，它长得像叶子。"

还有长得像蘑菇、大脑等形状的珊瑚。

由数万个珊瑚虫组成的珊瑚，模样众多。

枝状珊瑚 长得像树枝。因为长长尖尖的树枝状很容易断裂，所以这种珊瑚分布在水流比较平缓的海域。

蕈状珊瑚 长得像蘑菇的菌褶，分布在较为平坦的浅水水域。

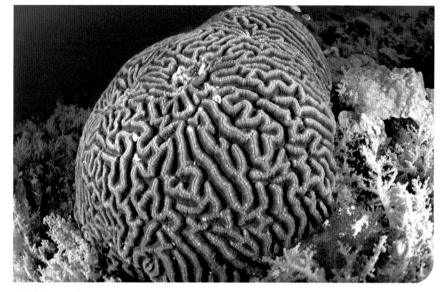

脑纹状珊瑚 长得像脑部的纹路，分布在水流比较强劲的海域。

叶状珊瑚 长得像叶子，主要分布在深海里，因此阳光不容易照射到。为了吸收更多的阳光，才长得这么平坦。

我是大胃王

到了晚上，珊瑚张开触手等待猎物。

"那是我最爱吃的小虾。"

珊瑚喜欢捕食浮游生物，

有时也会猎食其他动物的卵。

吞食小虾 珊瑚正在吞食被自己的毒针刺入而麻痹的小虾。它会先把猎物吞进身体里的胃腔中，再慢慢消化吸收。

吞食小章鱼 体型小又无力保护自己的小章鱼，束手无策地被珊瑚捕食。

新生的珊瑚虫会把身体分裂成两半，
形成两个珊瑚虫，长大后再分裂，
最后成为庞大的珊瑚群。

03

受精卵发育后，会随着水流漂浮，最后附着在适合生长的地方。

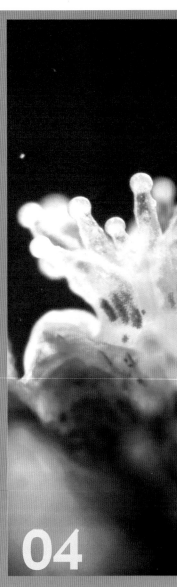

04

2周后蜕变成珊瑚虫。

🪸 小小珊瑚快长大

每年春季末，珊瑚在大海里同时排放卵子和精子，
等卵子受精后，
新的珊瑚虫就诞生了。

01

距离相近的珊瑚，会在同一时间排放卵子与精子。

02

过了一段时间后，白色的卵子变成各种颜色，而精子
变成白色，在水中扩散开来。

从天空鸟瞰岛屿周边的珊瑚礁　沿着小岛外围形成的珊瑚礁，是死掉的珊瑚以及从珊瑚里分泌出来的碳酸钙堆积后变成的庞大又坚硬的块状礁石。不是所有的珊瑚都可以变成珊瑚礁，珊瑚礁主要由骨骼坚硬的造礁珊瑚形成。澳大利亚东北部海岸的大堡礁，是世界上最大的珊瑚礁群。

06

新珊瑚努力地往上生长。新长出来的部分和原来

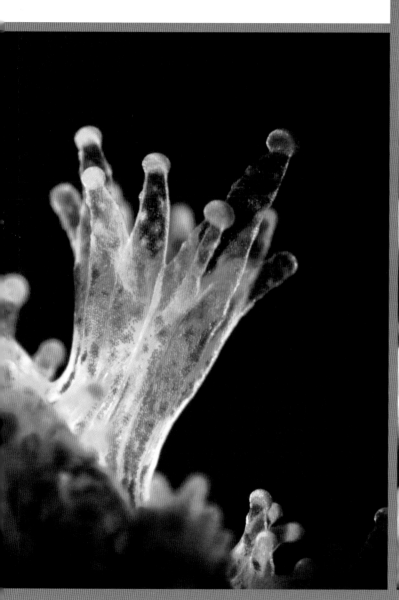

05

新生的珊瑚虫会花很多时间猎食，让自己茁壮成长。

🪸 珊瑚礁游乐园

珊瑚礁附近住着各式各样的生物。

"珊瑚礁有丰富的食物！"

"珊瑚礁可以让我躲藏起来，不让敌人找到。"

蜘蛛蟹　蜘蛛蟹身体的颜色和珊瑚相似，所以遇到敌人时，会躲进珊瑚里保护自己。

身体透明的小虾　这种虾因身体透明，不容易被发现。它为了捡食珊瑚上的食物残渣，一到晚上就忙个不停。

生活在珊瑚礁的小鱼 很多生活在珊瑚礁的鱼都披着华丽的外衣，在色彩缤纷的珊瑚礁里，不易被敌人发现。

常识·小课堂

生活在珊瑚礁附近的动物 珊瑚礁给海里很多生物提供了所需的食物及住所，除了以有机碎屑为食的生物，也有像叉纹蝴蝶鱼、蓑鲉、丝背细鳞鲀及鲨鱼等鱼类。这些鱼为了猎食，有的带着毒液，有的有尖锐的牙齿。

"嘿，珊瑚的触手有刺丝胞，你们不怕被刺到吗？"

"我的身体表面有种黏液，被刺到也没关系。"

"我可以直接把刺丝胞吃掉！"

生活在珊瑚礁附近的动物，

都有保护自己的秘密武器。

斑鳃棘鲈 为了不让珊瑚的刺丝胞刺进皮肤，斑鳃棘鲈的身体会分泌黏液来保护自己。

海蛞蝓 海蛞蝓会吞食珊瑚触手上的刺丝胞，并储存于身体里。遇到敌人时，再把刺丝胞当作武器使用。

鹦嘴鱼 白天，鹦嘴鱼用坚硬的牙齿啃食珊瑚。到了晚上睡觉时，它会从嘴里吐出黏液包裹自己，像在透明的睡袋里一样。

共同生活还不错！

小丑鱼和海葵是喜欢共同生活的好伙伴。
遇到危险时，小丑鱼可以躲进海葵的触手之间。
而小丑鱼也会帮海葵清除寄生虫。

小丑鱼和海葵　海葵的触手有毒，小丑鱼会分泌特别的黏液保护自己，因此海葵可以作为小丑鱼安全的藏身处。

与鱼类互利的裂唇鱼 体型又小又细的裂唇鱼，正在捡食裸胸鳝嘴巴和腮旁边的食物，也会帮忙清洁身体。除了裸胸鳝，裂唇鱼也会协助其他鱼类，因此有"医生鱼"的称号。

和爸爸妈妈一起答

谁是"医生鱼"？

（答案在第45页）

吞食珊瑚的长棘海星 长棘海星喜欢食用珊瑚，而且食量惊人，有"珊瑚杀手"的称号。它吞食珊瑚虫后，留下白色的珊瑚骨骼。

天敌出现！

"糟糕！长棘海星出现了。"
长棘海星是珊瑚的头号天敌，
此外，海参和贝类也是珊瑚的敌人。

和爸爸妈妈一起答

哪种生物是珊瑚的头号天敌？
（答案在第45页）

海参 海参会先把珊瑚的触手拔除，再啃食存活在珊瑚礁石中的海藻，这会导致珊瑚留下伤口或死亡。

贝类 贝类及多毛类环节动物会在珊瑚礁里到处挖洞并住在里面，所以珊瑚不喜欢它们。

🌴 我们都是一家人

珊瑚有八放珊瑚和六放珊瑚两大类。

八放珊瑚的触手有八只，

六放珊瑚的触手有六只或六的倍数只。

八放珊瑚

八放珊瑚的触手　每只珊瑚虫有八只触手。软珊瑚、红扇软柳珊瑚、柳珊瑚等都属于此类珊瑚。

棘穗软珊瑚　属于软珊瑚，长得像鸡冠花。有各种形状和颜色的触手，且会紧紧攀附在礁石上，随着潮流缓慢摇摆。

红扇软柳珊瑚 属于扇珊瑚，长得像树枝。主要生长在海流稍强、容易捕捉猎物的地方。

牛角珊瑚 呈柱状，生长在约五米深的温带海域。

黑角珊瑚 长得很像松树，主要分布在温暖的海域。

六放珊瑚

六放珊瑚的触手 珊瑚虫触手为六或六的倍数的珊瑚，称为六放珊瑚。形成珊瑚礁的造礁珊瑚，大多属于六放珊瑚。

海葵 海葵的触手数目，依种类不同而不同，不过都是六的倍数哦！海葵遇到危险时身体会缩起来，平时也会缓慢移动来找寻食物。

鹿角珊瑚 呈分枝状，且分枝又短又钝，像鹿角一般。

脑珊瑚 具有凹凸状的表面，珊瑚骨骼相连成脑纹状。

表孔珊瑚 像卷心菜的叶片般往周围生长扩散。

柱状珊瑚 小时候像指头，长大后变成柱状。

轴孔珊瑚 像大圆桌形状的珊瑚。

我们是珊瑚的亲戚

"我是水螅（xī），身体构造跟珊瑚虫很像。"

"我叫水母，和珊瑚一样属于刺胞动物。"

它们和珊瑚虫一样，靠触手猎食，身体里有中空的胃腔。

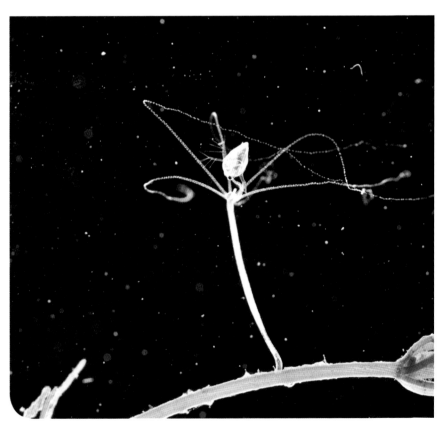

猎食的水螅　水螅像珊瑚虫一样利用触手猎食。身体柔软，主要生长在水质洁净的淡水中。

漂浮的水母　虽然水母自己能移动，不过多半还是随着水流漂浮。水母靠触手上的刺丝胞来捕猎食物。

和珊瑚一起玩吧！

珊瑚

珊瑚、水螅和水母都属于刺胞动物，利用触手来猎食。珊瑚是无数个珊瑚虫聚集在一起生活的大群体，生长时会分泌碳酸钙形成骨骼，经年累月之后就成为珊瑚礁。珊瑚礁里聚集着各种生物，形成多样的生态系统。

珊瑚只生长在热带海域吗？

常看到珊瑚生长在阳光强烈、几乎没有风的热带海域，在那里有着数量惊人的珊瑚，足以形成巨大的珊瑚礁。那么，珊瑚只生长在热带海域吗？

珊瑚分布的区域

以赤道为中心，南、北纬各25度以内的热带和亚热带海域，有着数量惊人的珊瑚，足以形成巨大的珊瑚礁。在深达约1000米的深海及寒带地区，也有零星的珊瑚分布，只是种类和数量很少。那么，是不是在赤道附近的海域都能形成珊瑚礁呢？不是的！形成珊瑚礁的必要因素，除了海水温度必须保持在18~30摄氏度之外，海水一定要低浅和清澈才可以。如此一来，珊瑚才能接收到阳光，让珊瑚身体里的共生藻进行光合作用，提供珊瑚所需的养分，帮助珊瑚成长。也就是说，即使在赤道附近，海水阴冷的地方也是无法形成珊瑚礁的。相反，在其他海域，如果有温暖的洋流经过，却可能形成珊瑚礁。

岛屿周围的珊瑚礁 以岛为中心，沿着浅水海域生长的珊瑚礁。

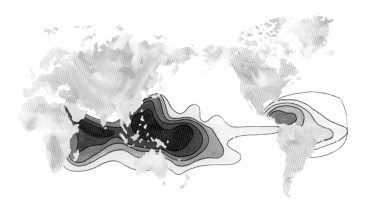

珊瑚分布图 图中蓝色的颜色越深，表示珊瑚的分布越多。从这张图可以知道，珊瑚的分布还是集中在赤道附近。

保护珊瑚生长的红树林

　　珊瑚的生长环境不仅需要阳光，还要有清澈的水及适当浓度的盐分。而热带地区炎热又多雨，每当下大雨后，大量泥水流向大海，让大海变得混浊。一般来说，珊瑚是无法在混浊的大海里生存的。但因热带地区的海边有大量的红树林，它们不仅可以净化混浊的水，控制雨水流入大海里的速度，还能帮助调节海里的盐分，因此珊瑚可以在热带地区生存下来。

红树林　生长在热带的红树林，能过滤被大雨冲刷下来的泥水。

珊瑚化石

　　古时候动植物的遗体或遗迹，被埋藏在地底下的岩层中，成为如石头般的"化石"。因为珊瑚是由碳酸钙形成的，所以会比其他动物留下更多的化石。

　　通过化石，我们可以确定珊瑚从何时开始生活在地球上，并了解珊瑚生存时期的自然环境。由于珊瑚主要生长在温暖的热带海域，所以如果在高山上发现了珊瑚化石，就可以推测这个地方在古时候可能是热带海域。

露出海面的珊瑚化石　假如因为地壳上升，过去的海底变成了陆地，就有机会发现珊瑚化石。到目前为止，从发现的珊瑚化石来判断，珊瑚在恐龙出现之前就已经出现在地球上了。也就是说，现在生活在大海里的珊瑚，它们的祖先是3.4亿年前出现在地球上的。

动手做人工珊瑚

　　珊瑚有各式各样的颜色及形状，漂亮极了！通过简单的实验，你也可以制造美丽的"珊瑚"。把水和硅酸钠溶液倒进透明器皿，再加入四种金属化合物，神奇的事情发生了——你将会看到美丽的人工珊瑚！

 需要准备的材料

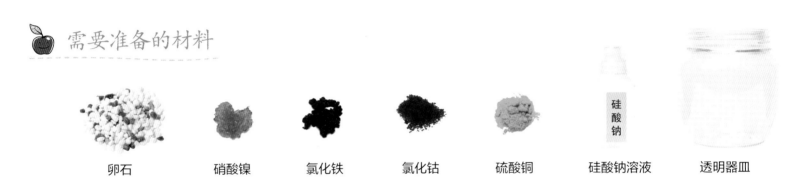

| 卵石 | 硝酸镍 | 氯化铁 | 氯化钴 | 硫酸铜 | 硅酸钠溶液 | 透明器皿 |

制造"珊瑚礁"喽！

仔细看看有没有漏掉的材料。

1 把卵石清洗干净后，均匀铺在透明器皿底部。

2 将硅酸钠溶液和水以1:4的比例混合后，倒进透明器皿。

3 加入四种金属化合物，各1小勺。

4 硅酸钠溶液和四种金属化合物混合后开始发生反应。

5 一段时间后，四种金属化合物开始膨胀、变化。

6 四种金属化合物变化完成后，就像是美丽的"珊瑚"。

⭐制作人工珊瑚的注意事项

· 这个实验需要大人在旁协助，注意所有材料绝对不可放入嘴里。

· 当硅酸钠溶液和水混合后，如果硅酸钠溶液浓度太高，人工珊瑚成长的速度会变慢。
相反，如果浓度太低，变化成树枝状的"珊瑚"会过于脆弱，而支撑不住倒下来或往周围膨胀，无法形成美丽的珊瑚样貌。

· 假如器皿中的"珊瑚礁"倒塌，要把水倒进马桶，并将剩余物丢进垃圾桶，再用大量的水冲洗器皿。

艺术作品里的珊瑚

　　人类在珊瑚礁里捕鱼，也用珊瑚礁盖房子。古代中国人及古代印度人认为珊瑚可以预防霍乱，古罗马人相信珊瑚可以让孩童的牙齿更加坚固，甚至深信珊瑚具有护身的神秘功效。至今，珊瑚依然被人们视为宝石，来看看珊瑚在艺术作品里的模样吧！

莫迪利亚尼《戴着珊瑚项链的女人》

　　莫迪利亚尼虽为意大利人，却在法国展开绘画生涯。他作画的内容以生活在巴黎的穷人及裸体的女人为主，画中的人物总是有着长脖子，露出悲伤的表情，有些还没有眼珠。长脖子是受到文艺复兴画家波提切利的影响，没有眼珠的眼睛是从非洲面具里获得的灵感。莫迪利亚尼的作品有《卖花女》《守门员的儿子》《梅尼尔夫人》《蓝眼女郎》等。

　　《戴着珊瑚项链的女人》中的女子戴着红色珊瑚项链和手链，与深色衣服呈现强烈对比，红色让整幅画多了活力。而那双直视前方的眼睛，让观赏这幅画的人印象更加深刻。

1918年以玛德琳·维铎为模特的画作。女人的翡翠色眼睛、深蓝色洋装及红色项链，对比强烈的颜色给人深刻的印象。

安妮·瓦尔莱·科斯特《珊瑚与贝类的静物画》

　　安妮·瓦尔莱·科斯特是18世纪的法国女画家，受夏丹的影响为写实主义画家。所谓写实主义就是不做修饰，把现实生活详细、真实地描绘出来。安妮·瓦尔莱·科斯特描绘的花朵、龙虾等静物画非常有名。

　　《珊瑚与贝类的静物画》是幅明暗调和的静物画佳作。珊瑚和贝类描绘得非常逼真，让人误以为是张照片。

创作于1769年，描绘各种珊瑚与贝类的静物画。

珊瑚和工艺品

　　珊瑚和珍珠都是大海里的宝石，深受人们的喜爱。和其他宝石相比较，珊瑚较脆弱，自古以来以珊瑚制作的精致艺术品价格昂贵，且大部分是生长在深海里的红色和粉红色珊瑚。深红色的阿卡珊瑚生长缓慢，是观赏价值很高的珊瑚，在中国台湾海域可发现它的踪迹。另外，在欧洲被誉为"天使肌肤"的粉红珊瑚，也是深受人们喜爱的品种。

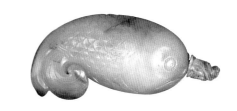

珊瑚雕刻瓶　其外形是卷曲着尾巴的鱼。

乐器　1741年制造于美国。这是个摇晃就会发出声音的乐器。图中的乐器表面镀金，再以珊瑚做成装饰。

雕塑品　用珊瑚和银，创作出希腊神话的月桂女神达芙妮渐渐变成树木的样子。

珊瑚一年可以长多高呢?

珊瑚成长的速度依种类而有所不同。一般长角状的珊瑚成长速度比圆形珊瑚快，浅海里的珊瑚成长速度也比深海里的珊瑚快。基本上，珊瑚1年可长0.5~5厘米。算一算，即便每年长5厘米，要成为150厘米高的珊瑚礁，大约需要30年的时间。依此类推，若发现高700厘米的珊瑚礁，大概就可以知道珊瑚是花了多长的时间形成的!

珊瑚每年在什么时候产卵呢?

珊瑚的生殖方法有无性生殖及有性生殖两种，由精子和卵子受精而成的有性生殖1年只有1次。珊瑚产卵的时间固定，大约在每年农历3月中旬后1星期间的夜晚，会将大量的卵子和精子排放到大海中受精。珊瑚选择晚上产卵，主要是为了避开白天的掠食者，并且海流在3月中旬后变得比较急，能把受精卵冲到很远的地方，提升繁殖成功的机会。

人被珊瑚刺到会死吗?

哇! 潜水员被珊瑚刺到了，他会有生命危险吗?

对体型小的鱼而言，珊瑚的毒具有严重的危险性，可是对人类来说就没有什么危险，顶多就像被小刀划到一样，留下伤痕而已。不过，有些刺胞动物的毒会造成人体伤害，例如，受伤部位会肿起来，严重时会出现休克的现象。

为什么要保护珊瑚礁？

珊瑚礁能吸收二氧化碳，调节地球温度，被称为"海洋之肺"或"海中的热带雨林"。珊瑚礁是许多生物的住所，在维持生态平衡中扮演着重要的角色，一旦珊瑚礁被破坏，生活在珊瑚礁的很多生物会无法生长，甚至丧失生命。而这些生物很多是人类食物的重要来源，人类也必将受到影响。近年来珊瑚礁数量骤减，消失的原因在于人类盲目地开发及污染海洋环境。珊瑚对环境非常敏感，只要有一点点改变，它们就会死去。我们都知道，珊瑚礁的形成需要相当长的时间，既然珊瑚那么宝贵，我们更应该细心保护。

为什么小丑鱼在有毒的海葵中，仍可以安然无恙呢？

一条巨大的鱼正在追逐小丑鱼，小丑鱼赶紧躲进海葵的触手中。由于小丑鱼的身体会分泌黏液，让海葵误认它是其他杂物，而不是可以吃的鱼，因此小丑鱼在海葵里非常安全。若把小丑鱼身体的黏液洗净，小丑鱼一样会被海葵的刺丝胞蜇得落荒而逃，甚至死亡。

✏️ **和爸爸妈妈一起答（答案）**

第8页→触手　　　第10页→珊瑚虫
第29页→裂唇鱼　　第31页→长棘海星

更多小·知识

· 我们还可以登录海南三亚国家级珊瑚自然保护区管理处网站，进一步搜索珊瑚，了解更多关于珊瑚的知识。

版权贸易合同登记号 图字：01-2020-1481

图书在版编目（CIP）数据

真实的大自然. 水中动物. 珊瑚 / 韩国与元媒体公司著；胡梅丽，马巍译. -- 北京：电子工业出版社，2020.7
ISBN 978-7-121-39184-2

Ⅰ.①真… Ⅱ.①韩… ②胡… ③马… Ⅲ.①自然科学 – 少儿读物 ②珊瑚虫纲 – 少儿读物 Ⅳ.①N49 ②Q959.133-49

中国版本图书馆CIP数据核字(2020)第113590号

责任编辑：苏　琪
印　　刷：北京利丰雅高长城印刷有限公司
装　　订：北京利丰雅高长城印刷有限公司
出版发行：电子工业出版社
　　　　　北京市海淀区万寿路 173 信箱　邮编：100036
开　　本：889×1194　1/16　印张：20.5　字数：310.95 千字
版　　次：2020 年 7 月第 1 版
印　　次：2022 年 3 月第 2 次印刷
定　　价：273.00 元（全 7 册）

凡所购买电子工业出版社图书有缺损问题，请向购买书店调换。若书店售缺，请与本社发行部联系，联系及邮购电话：
（010）88254888，88258888。

质量投诉请发邮件至 zlts@phei.com.cn，盗版侵权举报请发邮件至 dbqq@phei.com.cn。

本书咨询联系方式：（010）88254161 转 1882，suq@phei.com.cn。

真实的大自然

给孩子一座自然博物馆

水中动物

蛙类

韩国与元媒体公司 / 著　胡梅丽 马巍 / 译　杨 静 / 审

电子工业出版社
Publishing House of Electronics Industry
北京·BEIJING

带孩子走进真实的大自然

——送给孩子一座自然博物馆

大自然本身就是一座气势恢宏、无与伦比的博物馆。自然万象，展示着造物的伟大，彰显着生命的活力。我们在这样的自然奇观面前，心潮澎湃，敬畏不已。为人父母，没有人不愿意尽早地带孩子领略这座博物馆的奥秘和神奇！然而，这又谈何容易？一座博物馆需要绝佳的导游，现在，《真实的大自然》来了！

《真实的大自然》之所以好，至少有以下几方面：

一，真实。市面上，真正全面、真实地反映自然的大型科普读物并不多见。好的科普读物，首先必须建立在严谨的科学知识的基础上。现在，科学素养越来越成为一个人的立身之本。这套书，是多位世界级的生物科学家的"多手联弹"，4000多张高清照片配合着精准有趣的文字描述，重现地球生命的美轮美奂。长颈鹿脖子有多长？鸵鸟有多大？都用1:1的比例印了出来！当孩子打开折页，真实的大自然变得伸手可及。

二，诚挚的爱心。大自然并不是一座没有感情的机器，每一种动物，都有自己充满爱心的家庭，每一个小生命毫无例外，都得到了深深的关爱与呵护。这种爱心，甚至遵循着无差别的平等伦理，家庭成员相互之间也是无差别的友爱。比如，大象

宝宝掉到泥池中，它的三个姐姐又是拽又是推，愣是把弟弟救上岸。大象姐姐不幸离世，弟弟还用鼻子摸一摸姐姐，久久不愿离去；离开前，所有大象还用树枝默默地覆盖住尸体加以保护。过了很久它们还会再回来祭奠。这是多么神奇的生命教育课！

三，童趣十足。这套书貌似"硬科普"，但语言亲切、质朴，充满情趣，不急不躁，耐心地从孩子的角度使用了孩子的语言，与孩子产生共鸣。比如："哇！是蚜虫，肚子好饿啊，我要吃了。""你是谁呀？竟然想吃蚜虫！""哎呀！快逃！这里的蚜虫我不吃了。""亲爱的瓢虫小姐，请做我的另一半吧！""嗯，我喜欢你。我可以做你的另一半。"充满童趣的故事和画面贯穿全书始终。

四，画面震撼、生气盎然。每本书都会有一个特别设计的巨幅大拉页，使用一系列连续的镜头把动植物的生命周期完整重现出来。孩子从这些连续的图中，可以感受到大自然中每一个生物叹为观止的生命力。比如，瓢虫成长的14幅图加起来竟然有1.25米长！

五，精湛的艺术追求。艺术是人类的创造，然而艺术法则的存在在自然界却是普遍的事实。每一个生命中力量的均衡、

结构的和谐、情感的纯朴、形象的变化，都气韵生动地展示出自然世界的艺术性力量。难能可贵的是，主创人员通过语言描述和视觉呈现，将这种艺术性逼真地表达了出来，激荡人心。

六，最让人感念的是无处不在的教育思维。虽然书中有海量的图片，但是仔细研究发现，没有一张图是多余的，每张图都在传递着一个重要的知识点。摄影师严格根据科学家们的要求去完成每一张图片的拍摄，并不是对自然的简单呈现，而是处处体现着逻辑严谨、匠心独具的教学逻辑。对每种生物都从出生、摄食、成长、防卫、求偶、生养、死亡、同类等多个维度勾勒完整的生命循环，呈现生物之间完整的生态链条。主创团队是下了很大的决心，要用一堂堂精美的阅读课，召唤孩子的好奇心和爱心，打好完整的生命底色，用心可谓良苦。

跟随这套书，尽享科学之旅、发现之旅、爱心之旅、审美之旅，打开页面，走进去，有太多你想象不到的地方，让已为人父母的你也兴奋不已。我仿佛可以看到，一个个其乐融融地观察和学习生物家庭的人类小家庭，更加为人类文明的伟大和浩荡而惊奇和感动！

让我们一起走进《真实的大自然》！

李岩

第二书房创始人　知名阅读推广人

审校专家

张劲硕　科普作家，中国科学院动物研究所高级工程师，国家动物博物馆科普策划人，中国动物学会科普委员会委员，中国科普作家协会理事，蝙蝠专家组成员。

高　源　北京自然博物馆副研究馆员，科普工作者，北京市十佳讲解员，自然资源部"五四青年"奖章获得者，主要从事地质古生物与博物馆教育的研究与传播工作。

杨　静　北京自然博物馆副研究馆员，主要研究鱼类和海洋生物。

常凌小　昆虫学博士后，北京自然博物馆科普工作者，主要研究伪瓢虫科。

秦爱丽　植物学专业，博士，主要从事野生植物保护生物学研究。

温暖的春天，
阳光照耀着池塘。
在池塘里的
蝌蚪很活跃，
摇摆着小尾巴
游来游去。

蝌蚪是怎么变成青蛙的呢？

扑通，我是跳远高手

一只欧洲林蛙在池塘边休息。

忽然，不知从哪儿传来微弱的声音，

"这是什么声音？"它受到惊吓，"扑通"一声跳进水里。

林蛙跳远 这只欧洲林蛙在地上用力一蹬，后肢一伸，前肢一抬，向前跳出去。林蛙的跳跃能力很惊人。

哗！扑通！

"哇！我还以为被抓到了呢！"
有的蛙遇到危险时会往水里跳，
有的蛙还会跳到树上躲藏呢！
蛙喜欢在有水的地方生活，这样
才可以让皮肤保持湿润。

跳进水中的欧洲林蛙
遇到天敌时，欧洲林蛙会赶快跳
进水里躲避敌人的追捕。

挂在树枝上 日本雨蛙只有在繁殖期才会来到水边。平常它们都在树枝间活动，因为脚趾有吸盘，能够轻轻松松地攀附在枝条上。

在树间滑翔 黑蹼树蛙跳跃时会把有蹼的脚用力张开，这时完全张开的蹼具有降落伞的功能。黑蹼树蛙可以滑翔自己身长100倍的距离。

我就长这个样子

跳远高手青蛙的后肢又长又壮。

"圆滚滚的眼睛，大大的嘴，

湿润又光滑的皮肤。

怎么样？我很帅吧！"

现在就来看看青蛙的样子吧！

眼睛 凸出的大眼睛，不需要转头就可看到四周的动静。

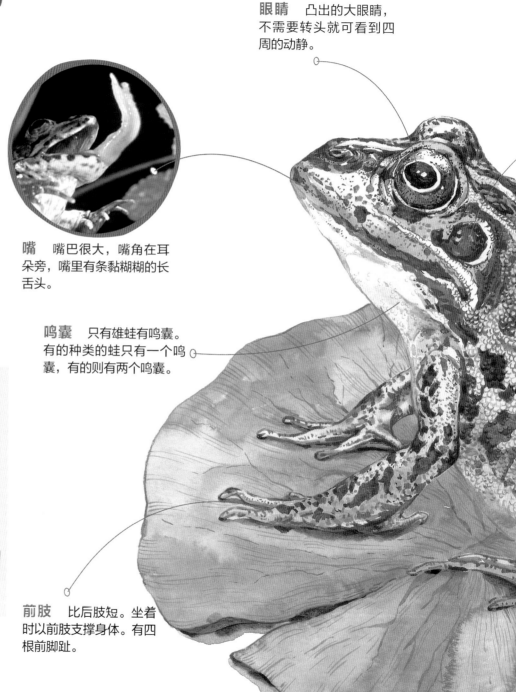

嘴 嘴巴很大，嘴角在耳朵旁，嘴里有条黏糊糊的长舌头。

鸣囊 只有雄蛙有鸣囊。有的种类的蛙只有一个鸣囊，有的则有两个鸣囊。

前肢 比后肢短。坐着时以前肢支撑身体。有四根前脚趾。

蝌蚪的样子

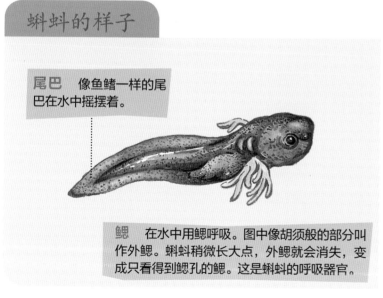

尾巴 像鱼鳍一样的尾巴在水中摇摆着。

鳃 在水中用鳃呼吸。图中像胡须般的部分叫作外鳃。蝌蚪稍微长大点，外鳃就会消失，变成只看得到鳃孔的鳃。这是蝌蚪的呼吸器官。

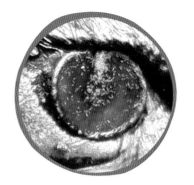

耳朵（鼓膜） 青蛙没有耳廓和耳孔，鼓膜直接裸露在外面。能够听到、感知到通过空气和水传过来的声音和振动。

皮肤 光滑又湿润，青蛙除了肺，也用皮肤呼吸。

雄蛙和雌蛙的前脚趾

雄蛙和雌蛙前脚趾的外形不同。为了交配时可以抱紧雌蛙，雄蛙第一个脚趾有个叫作"婚垫"的突起。

雄蛙的前脚趾

雌蛙的前脚趾

后肢 与前肢相比，后肢又长又壮。共有五根脚趾，趾间有蹼。

11

皮肤也能呼吸

"小时候我用鳃呼吸，现在是靠肺呼吸哦！
其实不止用肺，我也用皮肤和口腔黏膜呼吸。"
因为青蛙要依靠皮肤呼吸，皮肤一定要保持湿润，
所以必须在靠近水边的地方生活。

和爸爸妈妈一起答

蝌蚪用什么部位呼吸呢？
（答案在第49页）

保持皮肤湿润 青蛙会通过皮肤吸收水中溶解的氧气。如果在地面停留的时间太久，皮肤就会变得干燥，所以大多数的蛙类喜欢在有水的地方活动。

生活在水中的蝌蚪 蝌蚪和青蛙不同，它们生活在水里，用鳃呼吸。

雨中的红眼树蛙 红眼树蛙用皮肤呼吸，所以喜欢在潮湿的环境中活动。

唱起求爱的情歌

"呱呱呱，请接受我的爱吧！"
雄蛙把鸣囊吹得鼓鼓的，唱着情歌寻找伴侣。
"你那洪亮的歌声打动了我的心。"
当雌蛙一靠近，雄蛙立刻跳到雌蛙身上，
用前肢紧紧抱住它。

和爸爸妈妈一起答

会鼓起鸣囊的蛙，是雄蛙还是雌蛙呢？

（答案在第49页）

雄泡蟾 生活在热带雨林的泡蟾，咽喉下方有两个鸣囊（咽侧下外鸣囊）。当鸣囊鼓起时，比它自己的头还大。

青蛙 青蛙的鸣囊在嘴的两侧（咽侧外鸣囊）。每种蛙的叫声其实都是不同的。

抱对的青蛙 雌蛙喜欢身体强壮和鸣叫声洪亮的雄蛙。雌蛙来到雄蛙附近，雄蛙迅速跳上雌蛙的背，前肢夹紧雌蛙的腋下，紧紧抱住。这个行为叫作"抱对"。

欧洲林蛙产卵 爬上雌蛙背部的雄蛙，会按压雌蛙的腹部，帮助雌蛙排卵，自己再排精子、让卵受精。

产下圆滚滚的卵

雄蛙按压雌蛙的腹部，雌蛙产出很多圆滚滚的卵，
然后雄蛙赶紧在卵上排精子，让卵受精。
"我的乖宝宝，你们要平安长大哦！"
有些种类的蛙会全心全意照顾自己的宝宝。

产婆蟾　产婆蟾的雄蟾会把受精卵缠在后腿上面。为了避免卵变干，偶尔会到水里泡一泡。直到卵快孵化成蝌蚪时，才把卵放进水中。

负子蟾　负子蟾的雄蟾会协助雌蟾孵卵，雄蟾将一粒粒的受精卵放进雌蟾背部凹陷的皮肤中，3~5个月后，小负子蟾就会从妈妈的背部钻出来。

渐渐长大的蝌蚪，
先长出后肢，再长出前肢，
然后尾巴越来越短。
"我变成蛙的样子了。
现在我可以在陆地上生活了！"

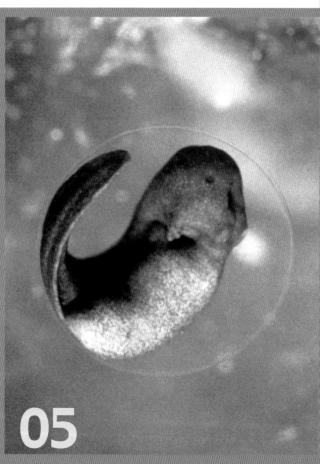

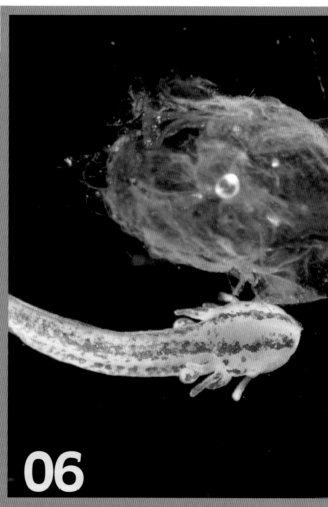

04

卵变成不倒翁的形状后，就开始长出头部和鳃。

05

长出尾巴后，就很接近蝌蚪的模样了。

06

蝌蚪从卵中钻出来。

变！变！变！变成蛙的样子

圆滚滚的卵变成不倒翁的形状后，
又慢慢变成蝌蚪。
扭啊！扭啊！蝌蚪终于从卵里钻了出来，
摇动尾巴，摇摇晃晃地觅食去了。

卵被类似透明果冻般的胶状物质包裹。

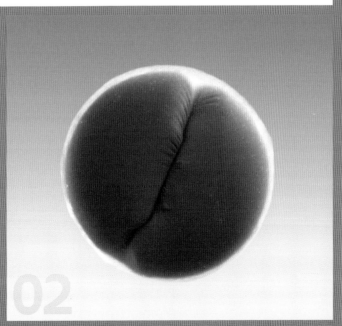

大约两个小时后，卵分裂成两半。

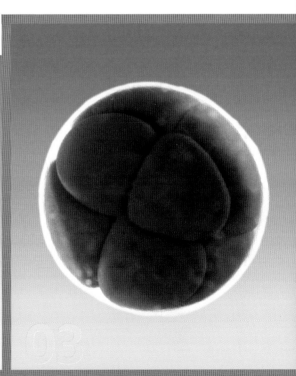

卵会继续分裂成4个、8个、16个……

池塘里的青蛙
青蛙产卵后，受精卵会发育成蝌蚪，再变成青蛙，这整个过程需要45～90天左右。

09

尾巴慢慢缩短。

10

终于变成蛙的样子了。呼吸器官由鳃变为肺和皮肤，开始适应陆地上的生活。

11

冬天来临前，蛙努力觅食，把自己养得壮壮的。

07

后肢从身体与尾巴的连接处长出来。

08

后肢慢慢成形的时候，前肢也开始长出来。

我是游泳健将！

"哇！好棒哦，你们也一起来游泳吧！"
蛙把又长又壮的后肢，一会儿收拢，
一会儿伸直地游泳。
"我在陆地上是跳远高手，在水里是游泳健将。"
蛙的后肢有蹼，所以很擅长游泳。
它们的眼皮是透明的，在水里也能看得清清楚楚。

和爸爸妈妈一起答

蛙的后肢有什么构造，能让它们成为游泳健将？
（答案在第49页）

后肢收拢 把后肢往身体方向收拢。

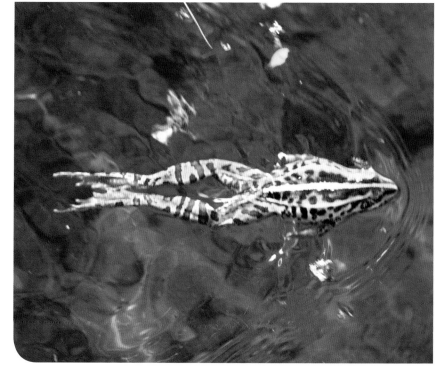

后肢伸直 把后肢往后一蹬伸直，就可以往前游动。

像泳镜的透明眼皮

眼睛下方有透明的眼皮，就像戴上游泳镜一样，在水里也能看得清清楚楚。

游泳健将　蛙在陆地上是跳远高手，在水里则是游泳健将。这是因为蛙的后肢长而有力，而且趾间还有蹼。

我喜欢活的食物！

"游泳过后，肚子好饿啊！"

青蛙想找东西吃。

就在这个时候，一只蝴蝶飞了过来，

青蛙一跳，舌头一伸，

一口就把蝴蝶吞进肚子。

"真好吃！"青蛙只猎食移动中的动物。

常识小课堂

青蛙如何猎食？ 青蛙发现移动中的猎物后，迅速伸长舌头捉住猎物。青蛙的舌头上有黏液，猎物被舌头粘到后，马上就被吞进肚子里。

朝着猎物跳去 青蛙把长长的后肢伸得直直的，朝着蝴蝶跳过去。

吃蜻蜓 青蛙猎食水边活动的昆虫、蜗牛和小鱼等。青蛙不吃静止不动的猎物。

吃蚯蚓 青蛙也猎食比自己身体还要长的蚯蚓。有时蚯蚓太长了，无法一口吞进去，青蛙会用前肢把蚯蚓塞进嘴里。

伸长舌头 青蛙伸出黏糊糊的舌头，迅速猎捕蝴蝶。

吃进嘴里 把猎捕到的蝴蝶，用舌头卷进嘴里。

天敌出现了！

蛇悄悄地爬过来。

"糟糕！不好了，快逃啊！"

"哼！想逃？已经来不及啦！"

蛙被蛇吃掉了。

水里的鲶鱼、陆地上的蛇，还有天空中
飞翔的鸟类，都是蛙类的天敌。

蛇吞食蛙 蛇是蛙的头号天敌，它张大嘴巴就能把整只蛙吞进去。

被紫胸佛法僧捕食　紫胸佛法僧是捕猎高手，一下子就能抓到蛙，再带到树枝上享用。

白斑狗鱼猎食蛙　白斑狗鱼、鲶鱼及大口黑鲈等大型鱼类，都会猎食蛙。

我在哪里？

"我变，我变，我变变变，变成树木的颜色！"

"嘿嘿，来找我啊！找不到吧！"

有些蛙就像魔术师，身体的颜色会随着环境改变。

落叶上的山角蟾　山角蟾的眼睛上方有个角状的突起。它们不只是身体的颜色，连外表都和落叶很像，躲在落叶里很难被发现。

会变色的树蛙 绿色的树蛙爬到树干上，身体的颜色就变成树干的颜色。

保护色 为了不被其他动物发现，树蛙可以把身体颜色变成和环境相似的颜色。有了保护色就能躲避天敌的袭击，保证自己的安全。像树蛙一样有保护色的动物还有蝗虫、菜青虫等。

树上的蛙 大部分的蛙类遇到天敌时都会跳进水里，而树蛙则躲藏在树叶中或树枝上。树蛙有随环境改变身体颜色的本能，像树蛙这样可以随环境改变的身体颜色，称为保护色。

我要冬眠了！

冬天来临时，有些蛙类会躲进地下或石头下冬眠。
它们通过降低新陈代谢的速度，度过寒冬。
"等春天来临时，我就要去找另一半了。"
它们做着美梦越睡越沉。

在地下避暑的铲足蟾
部分两栖动物生活在降水量
不足的沙漠地区。为了躲避
酷热，它们会在地下睡觉；
等雨季来临时再出来繁衍后
代，接着又躲回地下。

冬眠的牛蛙 牛蛙在冬眠之前会大量进食，让身体储存充分的营养，到了冬天就会钻进地下冬眠。从这个时候开始，身体就要靠储存的营养来过冬了。

常识小课堂

牛蛙为什么要冬眠？ 牛蛙是会随着周围环境温度改变体温的动物。当寒冷的冬天来临时，牛蛙体温过低就会有生命危险，所以它们必须躲进相对暖和一些的地下冬眠。

我们都是蛙类

"我是青蛙，是中国最常见的蛙。"

"我是金线蛙，我的背部两侧各有一条金褐色的斑纹。"

东方铃蟾、东北林蛙、中华大蟾蜍、北方狭口蛙、红眼树蛙等都属于蛙类哦！

虽然长相不太相同，但它们都是小时候在水里生活，

长大后则在陆地活动。

青蛙　青蛙喜欢在田里活动。

金线蛙　金线蛙背部两侧各有一条金褐色的斑纹。生性机警，喜欢躲在植物丛生的水中。

东北林蛙 鼓膜周围有黑色的环带，鼻梁处有点状纹。主要生活在溪谷或者池塘中。

中华大蟾蜍 蟾蜍的皮肤有很多突起，遇到危险时，会分泌毒液保护自己。这种毒液可制成治疗人类心脏病的药。

东方铃蟾 背部呈绿色，腹部呈橘红色。背部和腹部都分布着黑色纹理。当遇到敌人时，它们会将身体变成扁平状，四脚朝天躺倒，用腹部的橘红色来吓唬和警示敌人。

红眼树蛙 红眼树蛙的虹膜为红色，脚为黄色或橘红色。脚趾有吸盘，很会爬树。

北方狭口蛙 北方狭口蛙的头部较小，整个身体呈球状。它的后肢长度是前肢的两倍，因此擅长跳远。阴天或雨天时，会大声鸣叫。

"我是小丑箭毒蛙。别看我又小又可爱就
想摸我，我身上可是有毒的。"
热带雨林里，生活着很多种有毒的蛙。

小丑箭毒蛙　主要以红色和黑色的斑纹居多，不过也有橘色、黄色、白色等其他颜色的斑纹。

草莓箭毒蛙　整个身体呈红色，有些上半身是红色，腿部是像穿了牛仔裤一样的蓝色。

黄头箭毒蛙 头部有橘黄色的斑块。

钴（gǔ）蓝箭毒蛙 整个身体为蓝色，背部分布着黑色斑点。

黄金箭毒蛙 皮肤颜色是十分鲜亮的黄色。即使皮肤分泌出少量的毒素，也能使人中毒身亡，是毒性最强的箭毒蛙之一。

红带步行蛙 黑色的身体上分布着橘红色的条纹或斑点，脚上有橘红色的斑点。

我们都是蛙的亲戚

"我是小鲵。小时候长的尾巴，长大后也不会消失哦！"

"我是蚓螈。像蚯蚓一样有长长的身体，也没有脚哦！"

小鲵和蚓螈跟蛙类长得一点都不像吧！

可是它们小的时候都生活在水里，

长大后也都在陆地上生活。

小鲵 身体的主要颜色是褐色，有着比身体还要长的尾巴。虽然在水中产卵，但长大后是在陆地上活动。

蚓螈 多分布在热带地区。外形像蚯蚓，没有脚也没有尾巴，少部分有极短的尾巴。

和蛙一起玩吧！

蛙

蛙是两栖动物。小时候在水里用鳃呼吸，长大以后到陆地上靠肺、皮肤和口腔黏膜呼吸。利用长长的后肢在陆地上跳跃、在水里游泳。

所有蛙类的鸣叫声都一样吗？

从冬眠中醒过来的青蛙，都会聚集到有水的池塘或稻田里。雌蛙喜欢声音高亢又强健有力的雄蛙，所以雄蛙们争相放开嗓子大声唱歌。

提到蛙的鸣叫声，人们就会想到"呱呱呱"的声音，是不是所有的蛙类都是这样鸣叫的呢？

蛙的种类不同，鸣叫声也有所不同

蛙的肺部比较小，所以从声带发出的声音不够大，不过这小小的声音透过具有扩音效果的鸣囊后，就会变得非常洪亮。快要下雨时，泡蟾把鸣囊鼓得比头还要大，然后"呱呱呱"地叫起来。牛蛙会很大声地发出如牛叫般的鸣叫声。雌蛙在这些雄蛙的叫声中，只对自己的同类有反应，不会跟不同种的蛙繁殖下一代。

牛蛙
鼓起鸣囊，发出如牛叫般的鸣叫声。

东方铃蟾 繁殖期时，雄蛙会发出低沉的鸣叫声。

同种类的蛙，在不同的情况下会发出不同的鸣叫声

我们已经知道蛙的种类不同，叫声也会有所不同。那么相同种类的蛙，不管在什么情况下，都会发出同样的鸣叫声吗？不是的！在不同的情况下，同种类蛙的鸣叫声也有所不同。

1.为了繁殖，吸引雌蛙的求偶叫声

我们最常听到的蛙叫声，就是它们在繁殖期所发出的声音。雄蛙为了让雌蛙知道自己所在的位置，会以固定的节奏发出短促的鸣叫声。

2.当其他的蛙类侵犯自己的地盘时，发出保护领地的叫声

在繁殖期时，为了争取和雌蛙交配的机会，雄蛙会对侵犯自己领地的其他蛙发出洪亮但间隔较长的叫声。

3.被其他蛙抱错时要求释放的叫声

在繁殖期时，雄蛙一心只想着抱住雌蛙繁殖后代，所以经常会发生错抱、乱抱到雄蛙的情形。这个时候被错抱的雄蛙会发出间隔较短、表示"放开我"的叫声。

打斗中的雄性草莓箭毒蛙
为了争夺雌蛙而打斗的雄蛙。
打斗落败的雄蛙就无法和雌蛙
交配。

青蛙开始鸣叫真的就会下雨吗？

青蛙鸣叫时，就要下雨了。这是真的吗？

虽然它们鸣叫的原因仍不清楚，但阴天时，青蛙真的会鸣叫得更加响亮。因为快要下雨时，空气中的水分大量增加，青蛙就会不停地鸣叫。据统计，当青蛙鸣叫时，有25%的概率会下雨。这样说来，青蛙鸣叫会下雨的命中率还不算低呢！

青蛙的观察和饲养

青蛙小时候和长大后的模样完全不同，那么我们是不是可以观察青蛙成长的过程呢？当然可以！只要提供合适的生长环境就可以了。现在来看看如何照看青蛙的卵吧。

 需要准备的材料

塑料袋　水草　　　渔网　　　小碎石　　　沙子　　　勺子　　　　鱼缸　　　　大石头　温度计　鱼饲料

🍎 动手观察和饲养青蛙吧

仔细看看还有没有漏掉的。

1 用渔网捞取约20个青蛙卵，连同水一起装入塑料袋。

2 在鱼缸底部铺上沙子、种上水草，然后倒入大半个鱼缸的水。

44

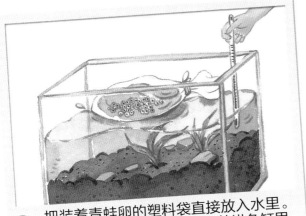

3 把装着青蛙卵的塑料袋直接放入水里。30分钟后，再把蛙卵取出，放进鱼缸里。

4 几天以后，就会看到蛙卵变成蝌蚪，在水中游来游去。

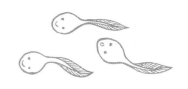

5 给蝌蚪喂鱼饲料或煮熟的蔬菜叶。记得分量要控制好。

6 等蝌蚪快变成青蛙时，减少鱼缸里的水，并放进一块可以让青蛙站在上面的石头。

蝌蚪变青蛙后，要赶快送回原来捞取蛙卵的地方。

☆饲养蝌蚪的注意事项

- 如果使用自来水，水倒进鱼缸后，要放置一天才能把蝌蚪放进去。
- 鱼缸里的水温为23摄氏度比较合适。如果水温过低，蝌蚪会发育得比较慢；相反，如果水温过高，排泄物和食物混合在一起，鱼缸里的水容易变脏。
- 食物一下子喂太多，鱼缸里的水不仅会变脏，而且蝌蚪也很可能会撑死，所以最好适量喂食。
- 每星期换1~2次水。换水时不要全部都换掉，换一半留一半。

艺术作品里的蛙

青蛙在古代象征着雨水和繁荣，所以艺术作品里它们经常出现。现在我们来看看艺术作品里的蛙是什么样子的。

申师任堂的《草虫图》屏风画

申师任堂是朝鲜王朝时期有名的女性书画家。她的绘画内容大多以日常生活中常见的动植物为主，以花鸟画闻名。

申师任堂的《草虫图》是描绘多种植物、昆虫与其他动物的屏风画。每幅画中间画着2~3种植物，在植物周边画着各种常见的昆虫或动物。细腻鲜明的线条，逼真地描绘出各种动植物的样子，整个作品显示出女性特有的典雅与韵味。

《草虫图》屏风画中以青蛙为主角的画有《黄花菜与青蛙》和《蜀葵花与青蛙》。在《黄花菜与青蛙》这幅画里，蝴蝶在天空飞舞，蝉贴在黄花菜的茎上，还有向上跳跃的青蛙。而《蜀葵花与青蛙》这幅画里，画有蜀葵花和桔梗花。在这两种花周围有飞舞的昆虫，以及望着昆虫的青蛙。

《蜀葵花与青蛙》
蝴蝶和蜻蜓在蜀葵花和桔梗花间飞舞。地上有一只青蛙，不过它并没有注意到一旁的蝗虫，只专注地看着空中飞舞的蝴蝶。

日常用品中的蛙

　　因为蛙的模样可爱，所以常出现在各种日常生活用品里。让我们来找找看，藏在日常生活用品中的蛙类吧。

别针　古希腊人为了把衣服固定在肩膀上而制作出的蛙造型饰品。

装饰在罐子上的蛙　做成蛙正在爬可可树的罐子。

缸　此为古埃及人制作的缸。把石头刻出蛙的样子。人们可清楚看到青蛙的大眼睛和粗壮的后肢。

柜子手把　金属制造的蛙造型手把。

候风地动仪　中国古代检测地震的候风地动仪也有蟾蜍的形象。当地震来临时，因为地面震动，含在龙嘴里的珠子就会掉进蟾蜍的嘴里。珠子掉进哪个方位的蟾蜍嘴里，对应方位就可能发生了地震。

青蛙为什么只食用会动的猎物?

青蛙只食用会动的猎物,至于吞进去的是苍蝇还是昆虫,它根本搞不清楚。如果把美味的蜻蜓用大头针固定不动,青蛙是绝对不会捕捉它的。如果把有毒的昆虫用绳子吊着晃来晃去,青蛙会毫不犹豫地伸出舌头,把虫子一口卷进肚子。当它发现吞进去的不是自己喜欢吃的食物,会马上吐出来。青蛙的眼睛和其他动物不一样,它们只能看到物体的轮廓,所以对会动的物体格外敏感。

毒蛙有哪些天敌?

毒蛙的毒都在皮肤上,所以它们几乎没有天敌。即使蛇不小心吞食毒蛙,也会赶紧把毒蛙吐出来。毒蛙只是身上可能留有被蛇咬过的痕迹,但最终仍能大摇大摆地走掉。因为毒蛙少有天敌,所以它们主要在白天活动。不过近年来人类过度开发,毒蛙的栖息地被污染和破坏,导致它们的数量大幅度减少。

真的有把蝌蚪放在嘴里照顾的蛙吗?

达尔文在搭乘小猎犬号环绕地球航行的途中发现了"达尔文蛙"。身长3厘米左右的达尔文蛙,它们抚育幼蛙的方式与众不同。当雌蛙产卵后,很多雄蛙就会聚过来保护受精卵,等卵即将孵化成蝌蚪时,雄蛙会用舌头把卵吞下,卵会落入鸣囊里。蝌蚪在鸣囊里生长,直到变成小蛙为止。

真的有比成年蛙还要大的蝌蚪吗?

有一种蛙的成蛙，体型反而比蝌蚪时期还小！这种奇特的蛙生活在南美洲，名叫奇异多指节蟾。这种蛙在蝌蚪时期的身长约 25~30厘米，可是生长为成蛙后却只有5~7厘米，是不是很奇怪呢？而且奇异多指节蟾的脚趾比一般的蛙类多出一节趾骨，所以脚趾很长。

有身上长毛的蛙吗?

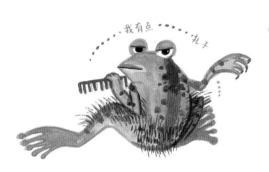

我有点……丸手

大部分蛙类的皮肤上没有毛，但非洲有一种壮发蛙，身上长有很长的毛状突起。这种蛙还有一种特殊本领：当遇到危险时，会有"爪子"从脚趾前端刺穿突出趾头的肉垫，像猫爪般露出。不过，这个"爪子"其实是壮发蛙的骨头。当危险过去后，壮发蛙放松肌肉，"爪子"就会收回去。

真的不可以用手摸蟾蜍吗?

在中国野外发现的蛙类，只有像蟾蜍等少数种类会分泌毒液。不过就算是蟾蜍，除非性命攸关，否则它们也不会轻易分泌毒液。因此无论是摸青蛙还是蟾蜍，只要手上没有伤口，并不会有什么危险。不过，由于蛙类的皮肤表面可能存在病菌，所以最好不要随意触摸它们。万一摸到它们的话，一定记得用肥皂把手洗干净。

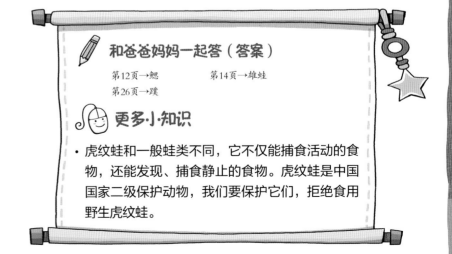

✏️ 和爸爸妈妈一起答（答案）

第12页→鳃　　　　　第14页→雄蛙
第26页→蹼

😊 更多·小·知识

· 虎纹蛙和一般蛙类不同，它不仅能捕食活动的食物，还能发现、捕食静止的食物。虎纹蛙是中国国家二级保护动物，我们要保护它们，拒绝食用野生虎纹蛙。

版权贸易合同登记号 图字：01-2020-1481

图书在版编目（CIP）数据

真实的大自然. 水中动物. 蛙类 / 韩国与元媒体公司著；胡梅丽，马巍译. –– 北京：电子工业出版社，2020.7
ISBN 978-7-121-39184-2

Ⅰ. ①真… Ⅱ. ①韩… ②胡… ③马… Ⅲ. ①自然科学－少儿读物 ②蛙科－少儿读物 Ⅳ. ①N49 ②Q959.5-49

中国版本图书馆CIP数据核字(2020)第113145号

责任编辑：苏　琪
印　　刷：北京利丰雅高长城印刷有限公司
装　　订：北京利丰雅高长城印刷有限公司
出版发行：电子工业出版社
　　　　　北京市海淀区万寿路 173 信箱　邮编：100036
开　　本：889×1194　1/16　印张：20.5　字数：310.95 千字
版　　次：2020 年 7 月第 1 版
印　　次：2022 年 3 月第 2 次印刷
定　　价：273.00 元（全 7 册）

　　凡所购买电子工业出版社图书有缺损问题，请向购买书店调换。若书店售缺，请与本社发行部联系，联系及邮购电话：
（010）88254888，88258888。
　　质量投诉请发邮件至 zlts@phei.com.cn，盗版侵权举报请发邮件至 dbqq@phei.com.cn。
　　本书咨询联系方式：（010）88254161 转 1882，suq@phei.com.cn。

2020 年度第八届
中国童书榜获奖童书

真实的大自然
给孩子一座自然博物馆

水中动物

章鱼

韩国与元媒体公司 / 著
胡梅丽 马巍 / 译 杨静 / 审

电子工业出版社.
Publishing House of Electronics Industry
北京·BEIJING

带孩子走进真实的大自然

——送给孩子一座自然博物馆

大自然本身就是一座气势恢宏、无与伦比的博物馆。自然万象，展示着造物的伟大，彰显着生命的活力。我们在这样的自然奇观面前，心潮澎湃，敬畏不已。为人父母，没有人不愿意尽早地带孩子领略这座博物馆的奥秘和神奇！然而，这又谈何容易？一座博物馆需要绝佳的导游，现在，《真实的大自然》来了！

《真实的大自然》之所以好，至少有以下几方面：

一，真实。市面上，真正全面、真实地反映自然的大型科普读物并不多见。好的科普读物，首先必须建立在严谨的科学知识的基础上。现在，科学素养越来越成为一个人的立身之本。这套书，是多位世界级的生物科学家的"多手联弹"，4000 多张高清照片配合着精准有趣的文字描述，重现地球生命的美轮美奂。长颈鹿脖子有多长？鸵鸟有多大？都用 1:1 的比例印了出来！当孩子打开折页，真实的大自然变得伸手可及。

二，诚挚的爱心。大自然并不是一座没有感情的机器，每一种动物，都有自己充满爱心的家庭，每一个小生命毫无例外，都得到了深深的关爱与呵护。这种爱心，甚至遵循着无差别的平等伦理，家庭成员相互之间也是无差别的友爱。比如，大象

宝宝掉到泥池中，它的三个姐姐又是拽又是推，愣是把弟弟救上岸。大象姐姐不幸离世，弟弟还用鼻子摸一摸姐姐，久久不愿离去；离开前，所有大象还用树枝默默地覆盖住尸体加以保护。过了很久它们还会再回来祭奠。这是多么神奇的生命教育课！

三，童趣十足。这套书貌似"硬科普"，但语言亲切、质朴，充满情趣，不急不躁，耐心地从孩子的角度使用了孩子的语言，与孩子产生共鸣。比如："哇！是蚜虫，肚子好饿啊，我要吃了。""你是谁呀？竟然想吃蚜虫！""哎呀！快逃！这里的蚜虫我不吃了。""亲爱的瓢虫小姐，请做我的另一半吧！""嗯，我喜欢你。我可以做你的另一半。"充满童趣的故事和画面贯穿全书始终。

四，画面震撼、生气盎然。每本书都会有一个特别设计的巨幅大拉页，使用一系列连续的镜头把动植物的生命周期完整重现出来。孩子从这些连续的图中，可以感受到大自然中每一个生物叹为观止的生命力。比如，瓢虫成长的 14 幅图加起来竟然有 1.25 米长！

五，精湛的艺术追求。艺术是人类的创造，然而艺术法则的存在在自然界却是普遍的事实。每一个生命中力量的均衡、

结构的和谐、情感的纯朴、形象的变化，都气韵生动地展示出自然世界的艺术性力量。难能可贵的是，主创人员通过语言描述和视觉呈现，将这种艺术性逼真地表达了出来，激荡人心。

六，最让人感念的是无处不在的教育思维。虽然书中有海量的图片，但是仔细研究发现，没有一张图是多余的，每张图都在传递着一个重要的知识点。摄影师严格根据科学家们的要求去完成每一张图片的拍摄，并不是对自然的简单呈现，而是处处体现着逻辑严谨、匠心独具的教学逻辑。对每种生物都从出生、摄食、成长、防卫、求偶、生养、死亡、同类等多个维度勾勒完整的生命循环，呈现生物之间完整的生态链条。主创团队是下了很大

的决心，要用一堂堂精美的阅读课，召唤孩子的好奇心和爱心，打好完整的生命底色，用心可谓良苦。

跟随这套书，尽享科学之旅、发现之旅、爱心之旅、审美之旅，打开页面，走进去，有太多你想象不到的地方，让已为人父母的你也兴奋不已。我仿佛可以看到，一个个其乐融融地观察和学习生物家庭的人类小家庭，更加为人类文明的伟大和浩荡而惊奇和感动！

让我们一起走进《真实的大自然》！

李岩

第二书房创始人 知名阅读推广人

审校专家

张劲硕　科普作家，中国科学院动物研究所高级工程师，国家动物博物馆科普策划人，中国动物学会科普委员会委员，中国科普作家协会理事，蝙蝠专家组成员。

高　源　北京自然博物馆副研究馆员，科普工作者，北京市十佳讲解员，自然资源部"五四青年"奖章获得者，主要从事地质古生物与博物馆教育的研究与传播工作。

杨　静　北京自然博物馆副研究馆员，主要研究鱼类和海洋生物。

常凌小　昆虫学博士后，北京自然博物馆科普工作者，主要研究伪瓢虫科。

秦爱丽　植物学专业，博士，主要从事野生植物保护生物学研究。

章鱼可是捉迷藏的高手呢。

它们如果严严实实地藏在岩石缝或珊瑚礁里，其他动物根本发现不了。

因为它们能瞬间变得和周围颜色非常相似，去伪装自己。

那么，章鱼是怎么变色的呢？

随心所欲地变换颜色

章鱼有自由变换身体颜色的能力。

"变变变！耶！"章鱼身体颜色瞬间变得与周围环境相似。

能随意变换身体颜色的章鱼，就像一个魔术师。

如果双手靠近章鱼给它一点温度，章鱼的身体颜色就会变得与周围环境相似。

身体颜色和周围环境相似的章鱼　章鱼能自由变换身体颜色，尽可能让自己与环境融为一体。

擅于变色的章鱼 章鱼有着将自己身体颜色变成与周围环境相似的本领。章鱼皮肤上有红色、黄色、黑色等多种颜色的色素细胞，所以能自由改变自身颜色。

"我也会根据心情变换颜色哦。

生气时，我的身体会变得如火一般红红的，受到惊吓则会变成白色。

如果遇到敌人，身体还会一闪一闪发着光，来吓唬敌人。"

根据不同情况随心情改变身体颜色的章鱼，真可谓是"海底的变色龙"啊。

变成红色的章鱼　章鱼生气时身体会变成红色。

变成白色的章鱼　章鱼害怕时身体会变成白色。

环纹闪闪发光的蓝环章鱼 大多数时候，蓝环章鱼的蓝色环纹是模糊的。但是当碰到敌人时，环纹就会加深并闪闪发光，这是在警告对方："我有毒，不要过来。"蓝环章鱼的毒非常厉害，甚至能毒死人呢。

常识小课堂

章鱼是如何变换身体颜色的？ 章鱼皮肤上有色素细胞，这个色素细胞里有小的色素袋，章鱼用肌肉收缩控制色素袋，使之变大或者变小，由此快速变换自己的身体颜色。

我就长这个样子

大家是不是很好奇海底变色龙——章鱼长什么样呢?
"我的躯体在头上方,而腕则位于头下方。"
看起来像头一样的顶端,其实是章鱼的身体。

皮肤　身体表面有很多高低不平的突起。

腕　章鱼有8条"腿",我们一般称作腕。腕下部有蹼一样的膜相连,腕上长着密密麻麻的吸盘,章鱼通过吸盘来感知外界情况、抓取东西和狩猎捕食。

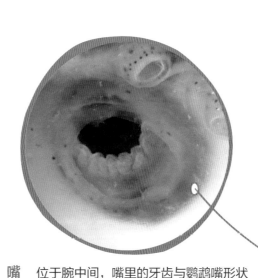

嘴　位于腕中间,嘴里的牙齿与鹦鹉嘴形状相似,齿舌边缘高低不平,如锯齿一般。章鱼的齿舌非常厉害,可以在猎物的外壳上钻出洞来。

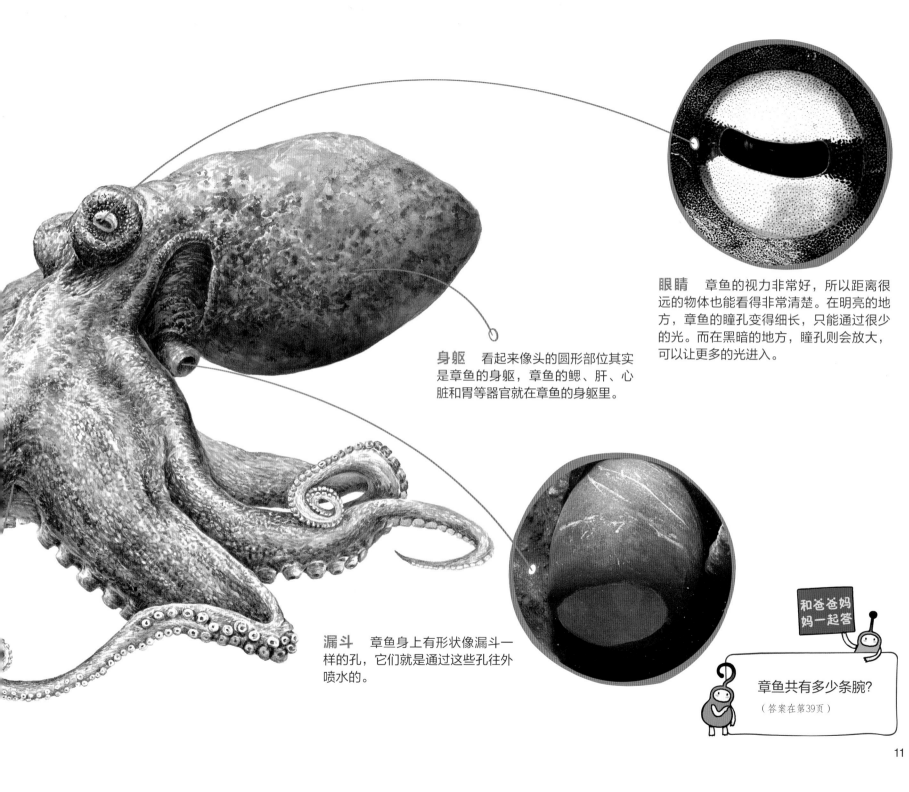

眼睛 章鱼的视力非常好，所以距离很远的物体也能看得非常清楚。在明亮的地方，章鱼的瞳孔变得细长，只能通过很少的光。而在黑暗的地方，瞳孔则会放大，可以让更多的光进入。

身躯 看起来像头的圆形部位其实是章鱼的身躯，章鱼的鳃、肝、心脏和胃等器官就在章鱼的身躯里。

漏斗 章鱼身上有形状像漏斗一样的孔，它们就是通过这些孔往外喷水的。

和爸爸妈妈一起答

章鱼共有多少条腕？

（答案在第39页）

11

用腕行走

"我可以将长长的腕笔直伸开，让身体在水里漂浮哦！"

章鱼可以用它长长的腕在海底来回行走。它们既可以舒展着腕悄悄爬行，也可以将腕贴在身体上，通过身体喷水，像火箭一样"咻"地射出去。

悄悄爬行　将一条腕伸直，吸盘贴在海底，拉动身体往前。因为动作轻柔，所以周围生活的其他生物根本察觉不到章鱼的移动。

慢慢游泳　它们也可以舒展腕，展开腕间相连的蹼状膜，在水里慢慢游泳。

快速游泳 通过漏斗将喝进去的水喷出来，借助水喷出来产生的推力将章鱼推出去，所以章鱼可以像火箭一样"咻"地快速游走。

和爸爸妈妈一起答

章鱼快速游动时向外喷水的孔叫什么？

（答案在第39页）

用长腕抓捕猎物

到了夜晚，章鱼们出来狩猎了。

"哇！是我喜欢的螃蟹！"

章鱼敏捷地伸出腕，紧紧缠住螃蟹。

然后将食物送往位于腕中间的嘴里，将蟹肉"滋溜"一下吸干净。

此外，章鱼也喜欢吃虾和蛤蜊，它们会将外面的贝壳扔掉，只吃里面的肉。

章鱼为什么在夜晚捕食？ 章鱼白天藏在洞穴里，到了夜晚就悄悄爬出来捕食。那是因为章鱼喜欢的蟹和虾等动物主要在夜间活动。

抓螃蟹的章鱼 如果发现猎物，章鱼会伸直它的腕，用上面的吸盘探寻猎物。章鱼甚至可以用吸盘感知到猎物的味道和触感。

捕捉蛤蜊的章鱼　用强有力的吸盘将贝壳掰开一点缝，往里注入唾液，待贝壳完全掰开之后将肉吸食干净。

扑住猎物的章鱼　用吸盘抓住猎物之后，展开腕之间相连的蹼状膜紧紧按住猎物，使之不能动弹。这样章鱼一次就可以抓住好多只猎物。

吃东西的章鱼　章鱼正在享受美味的螃蟹。章鱼先用齿舌在猎物身上钻出一个孔，然后往里注入唾液，将肉融化之后再吸食。

交配繁殖

"我的伴侣在哪里呀？"雄章鱼在海里来回游走，寻找着可以交配的雌章鱼。

终于，它找到了心仪的伴侣。

"你愿意做我的伴侣吗？"雄章鱼晃动着它的腕向雌章鱼发出求偶信号。

如果雌章鱼同意，两条章鱼就可以开始交配了。

向雌章鱼发出求偶信号的雄章鱼　雄章鱼到了要交配的时候，其中一条腕会鼓胀起来，这条腕的末端有生殖器。寻找雌章鱼的雄章鱼会晃动生殖器，告知对方自己可以交配。

雄章鱼的生殖器 其中一条腕末端鼓胀的扁圆柱体部位，就是雄章鱼的生殖器。

相隔很远进行交配的章鱼 交配时雄章鱼必须非常小心，因为交配完，雌章鱼可能会把雄章鱼抓来吃掉。所以雄章鱼和雌章鱼离得非常远，只把精液递过去放入雌章鱼体内。

"啪啪啪！嗖——"大约两个月后，卵壳破开，章鱼宝宝出来了。

章鱼妈妈因为力气用尽，无法继续照顾章鱼宝宝长大了，在原地慢慢死去。

章鱼宝宝只能自己学习游泳技能，自己捕捉食物，茁壮成长。

03

章鱼宝宝汲取卵内的营养成分，渐渐有了章鱼的形状。

04

章鱼宝宝一般在半夜撕破卵壳爬出来，这是为了保护自身免受敌人的攻击。

章鱼宝宝出来啦！

交配完的雌章鱼会找一个安全的地方，产下圆形的卵。

"我可爱的孩子们，要健康成长哦。"章鱼妈妈将葡萄串形状的卵宝宝们放在岩石缝里。

章鱼妈妈不吃不睡地全身心照看着自己的卵宝宝。

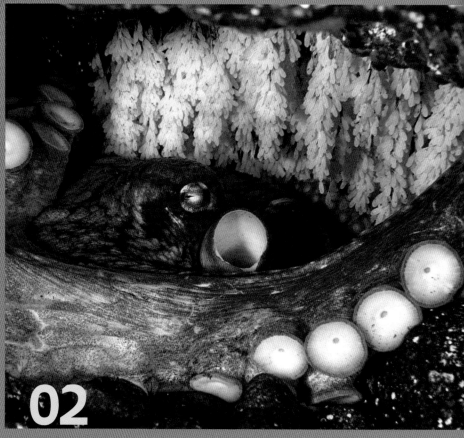

01 为了产卵，章鱼妈妈会找一个合适的地方，产下数十万只卵，藏在岩石缝里。

02 章鱼妈妈会尽心尽力照顾卵宝宝。期间它还会喷出干净的水，用吸盘仔细将卵宝宝擦干净。有时候为了守护自己的卵宝宝，它还会和敌人打架。

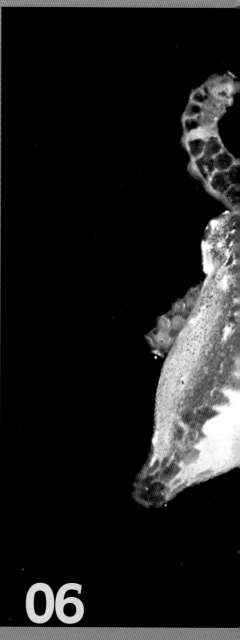

05

刚刚出生的章鱼因为力量较小，还不能游泳，所以只能借助
水流将身体漂浮起来。

06

与成年章鱼不同，章鱼宝宝白天
也会在水里游来游去，所以很多
个体会被天敌捕食。

为了保命将自己藏得严严实实

"我的身体柔软，即使很窄的缝隙我也能钻进去。
岩石缝、贝壳里都是我的藏身之所，我都能钻进去藏起来。"
找不到藏身之所的章鱼就在原地变换身体颜色，将皮肤变得凹凸不平，伪装成一块石头。

和爸爸妈妈一起答

章鱼白天主要藏在哪里？
（答案在第39页）

藏在岩石缝里的章鱼 白天，章鱼为了保护自己不被敌人发现，会找岩石缝或洞穴，钻进去蜷缩起来。一些被人们扔掉的空瓶和空罐，沉在海底，也能成为章鱼的家。

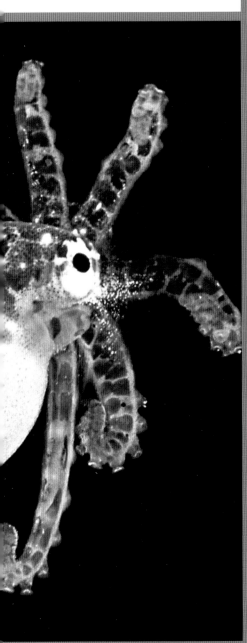

07

没被其他动物吃掉，平安无事存活下来的章鱼宝宝将去往更深的海底，在海底度过更长的时间。

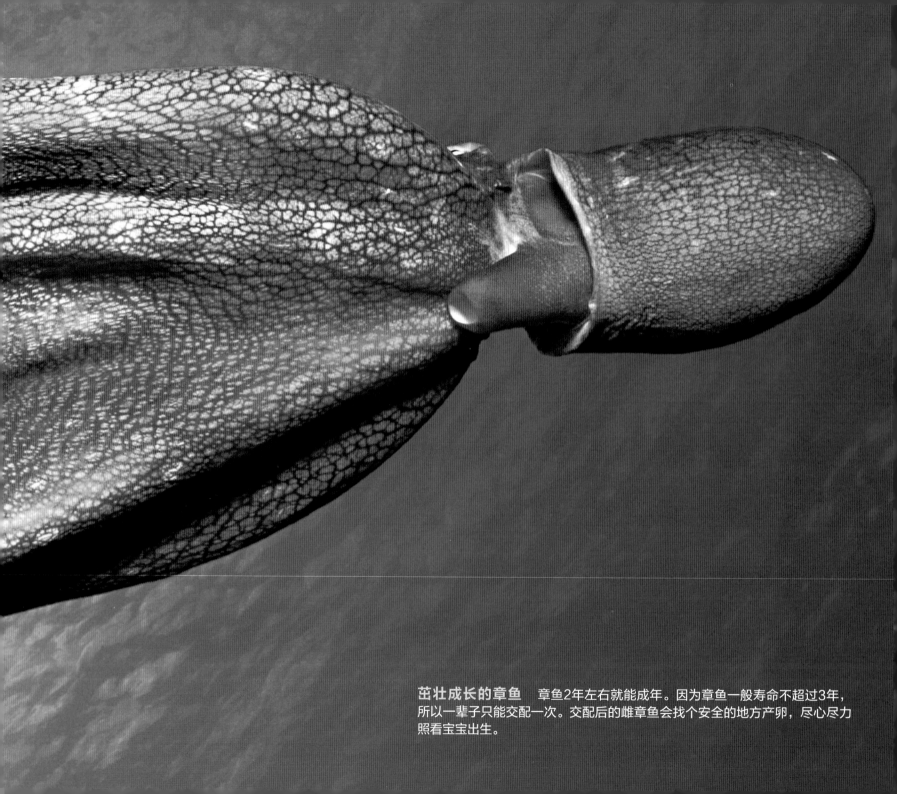

茁壮成长的章鱼　章鱼2年左右就能成年。因为章鱼一般寿命不超过3年，所以一辈子只能交配一次。交配后的雌章鱼会找个安全的地方产卵，尽心尽力照看宝宝出生。

08

在海底靠自己捕食，大约需要 2 年的时间，这
些章鱼宝宝会长成成年章鱼。

藏在贝壳里的章鱼 有的章鱼会趴下身体，爬到海螺壳里藏起来，还有一些会将身体埋进沙子里。

伪装成石头的章鱼 不仅身体颜色会改变，原本光滑的皮肤也会变得凹凸不平，看起来就像坚硬的石头，完美地骗过追赶过来的敌人，从而躲过一劫。

27

墨汁就是我最好的武器

夜晚来临，原本在岩石缝里休息的章鱼悄悄爬了出来。

"啊，是海鳝！快逃！"海鳝是章鱼非常害怕的天敌。

真的遇到紧急情况时，章鱼会喷出墨汁作为掩护，然后像离弦的箭一样快速逃走。

"呼！本来还以为死定了。"墨汁是章鱼防身的秘密武器。

正在吃章鱼的海鳝　海鳝生活在珊瑚礁里，是章鱼最可怕的天敌。海鳝常常为了争夺空洞穴和章鱼打架。

喷墨汁的章鱼 章鱼通过头后面的漏斗喷出黑色的墨汁。墨汁不仅能起到遮挡天敌视线的效果，还能混淆敌人的嗅觉，因为章鱼的墨汁会散发出非常难闻的味道。

常识小课堂

当敌人出现时，章鱼会怎么做？

最开始章鱼会举起腕吓唬敌人，最后是喷出墨汁逃跑。墨汁只在最危险的时候使用，因为喷了墨汁之后，再次装满墨囊需要时间。

我们都是章鱼

"虽然有很多窥伺我的敌人，但是海里各个地方也有很多我的朋友。"

从滩涂到珊瑚礁周边，甚至是黑漆漆的深海，章鱼都能生存。

"虽然我们颜色和外形有一些不同，但是我们都是有8条腕的章鱼哦！"

真蛸 生活的范围非常广泛多样，从浅海到深海它都能生活。暗褐色的底色上有褐色、黄色、青色的小斑点。

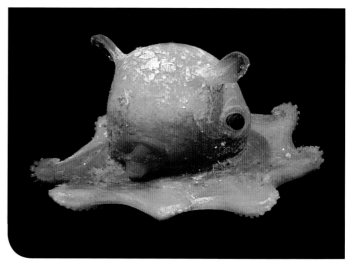

加利福尼亚真蛸（烙饼章鱼） 在深海中生活，全身扁平，身上有鼓包。

和爸爸妈妈一起答

主要生活在沙地上、善于模仿其他动物的章鱼是什么章鱼？

（答案在第39页）

拟态章鱼 可以用长长的腕和花花绿绿的花纹模仿赤魟的模样。主要生活在沙子里，这种章鱼可模仿40多种动物。

豹纹蛸 包括腕在内，体长只有10厘米，非常小。当它生气时，身上的黄色条纹和环纹会变得很鲜艳，虽然看起来很漂亮，但是毒性很强。

砂蛸 大多生活在浅海的沙地上。体长有15厘米，触腕很长。

白点章鱼　　主要生活在珊瑚礁周围，体长1米左右，红色的底色上有白斑点。

船蛸　　能用身体里分泌出来的物质做壳，主要在温带和热带的海洋生活。

十字蛸（小飞象章鱼）　　在深海里生活的章鱼，因外形酷似童话故事里小飞象的耳朵而得此名。

和章鱼一起玩吧！

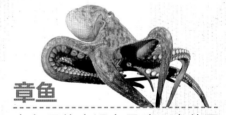

章鱼

章鱼是体内没有骨头、身体柔软的软体动物，身体分为躯体、头、腕三部分，长着8条腕。主要生活在海底，以捕食螃蟹、蜥蜴、虾等为生，一般寿命3年。遇到危险时，能喷出墨汁逃跑。

章鱼的墨汁能用来写字吗？

　　章鱼在危险的瞬间能喷出墨汁来，正是因为有这墨汁，章鱼才能平安无事地逃离敌人。章鱼喷出来的墨汁和我们写毛笔字用的墨水一样，都是黑色的。那么章鱼的墨汁也可以用来在纸上写字吗？

　　当然能写字了。但是并不是我们所想的黑色，而是接近褐色。而且随着时间的流逝，字迹颜色会渐渐变浅，直至最后颜色消失，这是因为章鱼喷出的墨水和我们写字用的墨水成分不同。章鱼喷出的墨汁是蛋白质的一种——黑色素，我们的皮肤和头发丝中都有这种成分，它能让我们的皮肤变黑，让头发丝呈现黑色。用章鱼的墨汁写出来的字，如果放置时间长了，会因蛋白质变质，颜色变浅。但是我们写字用的墨水是用碳粉制作的，不会变质，所以能长时间呈现黑色。

用章鱼墨汁写的字　和用墨水写的字比起来，颜色更浅。

墨水写的字　呈现深黑色。

过一段时间后褪色的章鱼墨汁写的字 　章鱼墨汁由蛋白质组成，所以随着时间的流逝，因为成分变质，文字会变浅。

长时间不褪色的墨水写的字 　即使过一段时间，文字颜色也一如既往的清晰。

章鱼的墨汁和鱿鱼的墨汁有什么区别？

　　章鱼墨汁和鱿鱼墨汁两者都是由黑色素组成的，但是章鱼的墨汁因为水溶性好，能在水中很快地扩散，所以能暂时遮挡住敌人的视线，章鱼正是借着这个敌人看不到的间隙快速逃跑的。

　　鱿鱼的墨汁很黏稠，在海里不容易晕染扩散开，而是会凝结成团。凝结的墨汁团看起来就像真的鱿鱼一样，鱿鱼用墨汁团当作替身，代替自己接受攻击，而借着天敌误判的时机，真的鱿鱼就悄悄地逃跑了。

喷墨汁的鱿鱼 　鱿鱼墨汁和章鱼墨汁不同，在水中不能很好地晕染扩散。

美术作品中的章鱼是什么样的？

很久很久以前，人们认为章鱼是生活在海里的怪物。章鱼外形奇特，有着多条长长的腕，腕上还有着密密麻麻的吸盘。章鱼主要在夜晚出来活动狩猎，可以随心所欲改变身体颜色。所以在美术作品中，章鱼也常常以怪物的形象出现。

挪威传说中的北海巨妖克拉肯

克拉肯是挪威传说中的怪物，从很早以前开始，这个地方的船员们对这个怪物就有着难以名状的恐惧。因为在流传下来的故事中，块头特别大且凶猛异常的克拉肯会攻击来往船只，然后将人抓去吃掉。而且克拉肯会从身体里喷出墨汁，将海水搅得漆黑。所以人们猜测故事中的怪物可能就是海里生活的章鱼。

约翰·吉布森的《海里的怪物》 画的是传说中的海里怪物克拉肯的样子，但是并没有描绘出身体全貌。画中的怪物像岛屿一样矗立在海中，只等海上的来往船只一靠近，就用它巨大的腿将船拉到海底。

吉安·贝尔尼尼

　　贝尔尼尼是17世纪意大利具有代表性的雕塑家和建筑家。罗马各处都有贝尔尼尼的作品，可以说罗马整个城市就是贝尔尼尼的画廊。贝尔尼尼设计的教堂和广场、雕像和喷泉可以说就是罗马的象征。位于罗马纳沃纳广场的"四河喷泉"，就是他设计的，用四个人体雕像代表四个大洲的河流（欧洲多瑙河、亚洲恒河、非洲尼罗河和美洲拉普拉达河）来象征人类文明。除此之外，纳沃纳广场的北边还有另外一个喷泉，名为"尼普顿喷泉"。尼普顿是罗马神话中的海神，希腊神话称之为波塞冬。这个喷泉栩栩如生地雕刻出了尼普顿与巨大的章鱼搏斗的画面。

尼普顿喷泉　纳沃纳广场上的尼普顿喷泉，和"四河喷泉"一样，都是非常有名的雕塑喷泉。尼普顿喷泉生动地表现出了尼普顿用自己标志性的武器三叉戟和章鱼搏斗的画面。

生活用品中的章鱼

　　虽然人们认为章鱼是陌生又可怕的动物，但是章鱼独特的外形还是在众多作品中有所表现。尤其是章鱼没有骨头，肉质筋道，常常成为人们的盘中餐。得益于此，杯子、瓷器和酒杯等生活用品常常也刻绘有章鱼形象。

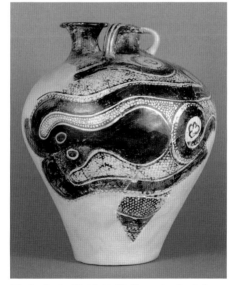

绘有章鱼花纹的陶瓷　古希腊盛水的陶器，很好地描绘出了章鱼圆圆的身躯和长长的触腕。

章鱼饰品　用木头或牛角所做，确保烟杆或钱袋挂在腰上时不会掉落。很好地表现出了章鱼腕上吸盘的特点。

章鱼饰品　用铁做的章鱼形状的装饰品，刻画出了章鱼圆形的头部和触腕上的吸盘。

章鱼的腕断了以后会死吗?

章鱼不像蟹、虾,有保护自己身体的外壳,所以经常被块头较大的鱼或海里的动物咬断腕,而且章鱼同类之间打架时也会互相咬对方的腕。更让人惊讶的是,当没有食物的时候,章鱼还会吃掉自己的腕来充饥。咬断之后,章鱼还可以支撑半年以上,是不是很神奇? 这是因为章鱼的腕截断后还能再生,会长出新的腕。

章鱼有这么多条腕,是怎么随心所欲移动的?

如果仔细观察章鱼,会发现它的每条腕的移动都是不同的。那么它是怎么调节8条腕的行动的呢? 人由大脑做出行动的决定,但是章鱼的大脑并没有对腕产生很大的影响。调节章鱼复杂行动的秘密,就在腕上。我们通过实验发现,章鱼的腕即使不跟大脑连接,仍然能自主做出复杂的动作。那是因为章鱼的腕上有一些独立的神经系统,可以单独调控每条腕的移动。

章鱼这么多条腕中,有像我们的胳膊一样被使用的腕吗?

人类大多有自己经常使用的一只手,章鱼的8条腕中也有像人的胳膊一样经常使用的腕。身体后面的腕主要在移动的时候当脚使用,身体前面的腕在触摸陌生东西时当作胳膊使用。

章鱼的血也是红色的吗?

不是所有的动物的血都是红色的，血的颜色是由血液中是否含有某种成分而决定的。人和狗、猫这样的哺乳动物的血液，以及鸟的血液中有铁元素，铁元素和氧相遇会呈现红色。但是鱿鱼、章鱼、虾等动物的血液中没有铁元素，而是含有铜元素，铜元素遇到氧会变成蓝色，所以鱿鱼和章鱼的血是蓝色的。

身体软乎乎的章鱼能行走吗?

章鱼通常是慢慢爬行或者舒展腕游泳的，但是也有在地上行走的章鱼。个头只有苹果大小的条纹蛸就是这样的，它们用行走代替了爬行。它们会将身体卷成球状，看起来就像一个椰子，然后敏捷地移动。最后面的腿一直重复往前送，推动身体向前，如此反复，看起来就像在传送带上面滚动一样。个头像核桃一样小的刺断腕蛸会将自己伪装成海藻，用双腕行走，据说比所有腕并用时更快。

章鱼是如何保护皮肤的?

章鱼的皮肤上覆盖着一层薄薄的膜，这层膜上能分泌出保护皮肤的黏液。如果我们触摸活着的章鱼，会有滑不溜手的感觉，就是因为这种黏液。这层黏液能保护章鱼在岩石缝和珊瑚礁里移动时少受伤害，即使受伤也能快速痊愈。

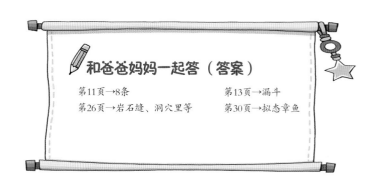

✏️ **和爸爸妈妈一起答（答案）**

第11页→8条　　　　　　第13页→漏斗

第26页→岩石缝、洞穴里等　　第30页→拟态章鱼

版权贸易合同登记号 图字：01-2020-1481

图书在版编目（CIP）数据

真实的大自然. 水中动物. 章鱼 / 韩国与元媒体公司著；胡梅丽，马巍译. -- 北京：电子工业出版社，2020.7
ISBN 978-7-121-39184-2

Ⅰ.①真… Ⅱ.①韩… ②胡… ③马… Ⅲ.①自然科学 – 少儿读物 ②章鱼目 – 少儿读物 Ⅳ.①N49 ②Q959.216-49

中国版本图书馆CIP数据核字(2020)第113144号

责任编辑：苏　琪
印　　刷：北京利丰雅高长城印刷有限公司
装　　订：北京利丰雅高长城印刷有限公司
出版发行：电子工业出版社
　　　　　北京市海淀区万寿路173信箱　邮编：100036
开　　本：889×1194　1/16　印张：20.5　字数：310.95千字
版　　次：2020年7月第1版
印　　次：2022年3月第2次印刷
定　　价：273.00元（全7册）

凡所购买电子工业出版社图书有缺损问题，请向购买书店调换。若书店售缺，请与本社发行部联系，联系及邮购电话：
（010）88254888，88258888。

质量投诉请发邮件至 zlts@phei.com.cn，盗版侵权举报请发邮件至 dbqq@phei.com.cn。

本书咨询联系方式：（010）88254161转1882，suq@phei.com.cn。